中等职业学校规划教材

YOUJI HUAXUESHIYAN

# 有机化学实验

## 第四版

初玉霞　主编

化学工业出版社
·北京·

《有机化学实验》为中等职业学校规划教材。全书由有机化学实验的基本知识、有机化学实验的基本操作、有机化合物的性质与鉴定、有机化合物的制备和综合实验五部分组成。书中对各部分教学内容都提出了"知识目标"和"技能目标",有利于教师和学生正确把握知识点和技能训练要求。全书采用国家标准规定的术语、符号和法定计量单位,共选编了 36 个典型实验,实验规程可靠,实用性强,体现环保理念,涉及的操作技术全面,便于训练学生基本操作技能,有利于提高动手能力。在每个实验项目后都编有"实验指南与安全提示"以及"预习指导"等内容,便于指导教与学。与教材配套的实验报告册,内容详尽,格式合理,方便填写,有利于提高学生正确、规范撰写实验报告的能力。

本书可作为中等职业学校和职业高中化学、化工、纺织、制药、环保以及分析检验等专业教学用书,也可供相关专业技术人员参考。

**图书在版编目(CIP)数据**

有机化学实验/初玉霞主编. —4 版. —北京:化学工业出版社,2020.5 (2025.1重印)

中等职业学校规划教材

ISBN 978-7-122-36362-6

Ⅰ.①有… Ⅱ.①初… Ⅲ.①有机化学-化学实验-中等专业学校-教材 Ⅳ.①O62-33

中国版本图书馆 CIP 数据核字(2020)第 035275 号

---

责任编辑:旷英姿 装帧设计:王晓宇
责任校对:王鹏飞

---

出版发行:化学工业出版社(北京市东城区青年湖南街 13 号 邮政编码 100011)
印 装:河北延风印务有限公司
787mm×1092mm 1/16 印张15½ 字数 377 千字 2025 年 1 月北京第 4 版第 5 次印刷

---

购书咨询:010-64518888 售后服务:010-64518899
网 址:http://www.cip.com.cn
凡购买本书,如有缺损质量问题,本社销售中心负责调换。

---

定 价:39.00 元

# 前言

《有机化学实验》第三版于 2012 年出版至今已过去 7 年了。经教学实践检验及发行量表明，广大使用者对本教材的认可度较高。特别是作者根据多年教学经验将教材内容合理加工、分段，并精心提炼出简明扼要的小标题，使教学内容层次更加分明，条理性更强，更便于教师组织教学，也便于指导学生操作。制备实验的操作流程示意图，可使学生对实验操作程序一目了然，进一步强化了实验的指导性。与教材配套编写的实验报告册格式合理，内容详尽，方便填写，有利于引导并提高学生正确规范撰写实验报告的能力。

本次修订在保持了第三版基本内容和风格的基础上，做了以下修改：

1. 及时更新了相关数据及参考文献，以保证教材与时俱进的科学性和先进性。

2. 考虑到目前石油化工、食品及医药工业的生产过程中，物理参数的测定技术使用越来越多，以及日化产品在生产生活中需求量的日益加大，在"第二章有机化学实验的基本操作"中新增了"凝固点的测定"和"闪点的测定"两节内容。在"第四章有机化合物的制备"中新增了表面活性剂"十二烷基硫酸钠的制备"项目。

3. 根据新时期中职学生特点，在有机化学实验基本操作的相关章节中适当新增了"想一想"栏目，以进一步引发学生思考，指导其正确操作，避免出现失误。

4. 在有些实验项目后新增了"拓展实验"内容，这些实验具有一定的探索性，利于激发和满足学生的求知欲，也有助于培养其创新意识。

另外，书中凡标有"*"为选做内容，以便学校可根据需要灵活进行教学安排。

本书可作为中等职业教育和职业高中的化学、化工、纺织、制药、环保以及分析检验等专业教学用书，还可供相关专业技术人员参考。

参加本次修订工作的有吉林工业职业技术学院初玉霞、于海侠、高兴，新疆轻工职业技术学院任素勤。梁克瑞教授审阅全书并提出了修改意见，在此表示诚挚的感谢。限于编者水平，书中疏漏之处，敬请读者批评指正。

编　者
**2019 年 11 月**

# 第一版前言

本书是根据中等职业教育培养面向 21 世纪高素质的劳动者和中、初级专门人才的需求，以训练学生实验操作技能为主要目的编写的。 适用于中等职业学校化学、化工类专业，也可供相关的技术人员参考。

全书由有机化学实验的基本知识、基本操作、有机化合物的制备、有机化合物的性质与鉴定和综合实验五部分组成，共选编了 32 个典型实验。 书中凡是标"＊"的为选做内容。

本教材具有下列特点。

1. 以训练有机化学实验的基本操作技能和素质能力的培养为主线，并贯穿全书。在"有机化学实验的基本操作"中，首先安排了 5 个基本操作训练实验；在"制备实验"和"综合实验"中，逐步扩充和巩固操作训练。 实验由简到繁，由单元技能训练到组合技能训练，循序渐进，逐步提高。

2. 按照"实用为主、够用为度、应用为本"的原则，精选了实验项目。 制备实验的选项考虑到了原料来源方便、价格低廉，原料与产物的毒性较小、气味较好，产物实用性强等因素。 综合实验内容更加贴近生产、生活实际。 除几个较大型的连续性合成实验外，还适当选编了"天然有机物的提取"和"实用化学品的配制"等项目，以拓宽学生的知识视野和激发学习兴趣。 书中还安排了设计性实验，以利于培养学生的创新思维和独立分析问题、解决问题的能力。

3. 考虑到中职学校的教学特点，书中对每个实验项目的实验目的、实验原理和操作步骤都做了简明扼要的叙述，并编有"实验指南与安全提示"及"预习指导"等内容。文字通俗易懂，实验规程可靠。 以利于学生掌握实验技术，养成良好的实验工作习惯及较强的环保和安全防护意识。

4. 教材中采用了现行国家标准规定的术语、符号和法定计量单位。 一些物理常数的测定，采用了国家标准规定的试验方法。

5. 与本书配套的"有机化学实验报告"格式设计合理，设有实验预习、操作流程、实验结果及问题讨论等栏目，便于中职学生学习有机化学实验技术并完成实验报告。

本书的初稿由贵州化工学校袁红兰审阅，并提出许多宝贵意见；吉林化工学校韩丽艳参与了部分实验的校核工作，并提出了一些有益的建议。 在此一并表示衷心的谢意。由于时间仓促，编者水平有限，书中不足之处在所难免，敬请同行与读者批评指教。

编　者

**2001 年 6 月**

# 第二版前言

《有机化学实验》作为中等职业学校教材,于 2002 年 1 月编写出版,至今已重印多次,受到广大使用者的欢迎和好评,并荣获第七届中国石油和化学工业优秀教材一等奖。

国民经济的快速发展,给中等职业教育带来了新的繁荣,同时也对培养 21 世纪高素质劳动者和中、初级专门人才提出了更高的要求,更加注重实践技能和动手能力的培养。编者在广泛征求各方面相关人员意见,吸纳了许多有益建议的基础上,重新修订了这本《有机化学实验》教材,作为中专、技校和职高的化学、化工、制药、环保以及分析检验等专业的教学用书,也可供其他化学、化工类专业技术人员参考。

第二版《有机化学实验》按照第一版的基本内容框架,保留了原教材的特色和精华,同时做了如下修改:

1. 新版教材对各章内容都提出了"知识目标"和"技能目标",旨在帮助教师和学生明确本章教学中应该把握的知识点、所要训练的实验技能以及要求达到的教学目标。在有些章节中适当选编了内容新颖、可读性强的"小资料",以利拓展学生的知识视野,了解与本学科相关的前沿信息。

2. 从环保的角度出发,注意渗透化学实验绿色化的理念,对实验项目的选题及某些实验的操作条件做了进一步更新和改进,尽量使用无毒性或毒性小的试剂与原料;在保证实验现象明显、实验结果正确的前提下,降低了试剂用量,以减少环境污染;并对实验中产生的"三废"提供了必要的处理方法。

3. 将原教材中"有机化合物的制备"和"有机化合物的性质与鉴定"两章内容的编排顺序进行了调整,使知识培养和技能训练更加符合由浅入深、从易到难、循序渐进的原则,也更加便于培养学生的独立动手能力。

4. 适当降低了教学内容的难度,如删除了原教材中"有机化合物的制备"实验后面要求学生填写的实验操作示意流程图,而在"综合实验"中则仍保留这部分内容,以体现不同教学阶段对教学目标要求的层次和标准的不同。

5. 适当增加了选做实验的比例(书中凡是标"*"的为选做内容),使教学内容更富弹性,以便各校灵活进行教学安排。与教材配套编写的实验报告册,内容详尽,格式合理,方便填写,有利于提高学生正确、规范撰写实验报告的能力。

本教材由初玉霞主编,梁克瑞编写了第三章、第四章及"实验报告"的全部内容,高兴参与了第五章的编写与实验校核工作,全书由关海鹰审阅,并提出了宝贵的修改意见,在此表示真诚的感谢。

由于编者水平有限,书中不足之处在所难免,敬请同行与读者批评指教。

编者

2006 年 9 月

# 第三版前言

《有机化学实验》第三版是按照中等职业教育化学、化工及相关专业有机化学实验教学的基本要求，在原第二版教材教学实践和广泛征集使用学校意见的基础上修订而成的。本书第一版于2002年出版。历经十余年教学实践的检验，及时吸纳来自教学一线的意见和建议，不断改进、更新与提高，使本教材受到广大使用者的欢迎和好评，并荣获中国石油和化学工业优秀教材一等奖，曾多次印刷，是使用量较大的中职教材。

本次修订在保持第二版教材精华与特色的基础上，适当调整了教材的内容与风格。

1. 考虑到目前化工生产，特别是食品工业的生产过程中，物理参数的测定技术使用越来越多，将第二章中属于物理参数测量的操作"熔点的测定"和"沸点的测定"与新增加的选学内容"折射率的测定"和"旋光度的测定"调整到一起，以突出这方面知识在教材中的作用，强化学生该方面操作技能的训练。

2. 按照化工企业生产中岗位操作流程的方式，重新编写了制备实验的操作流程示意图，可使学生对实验操作程序一目了然，进一步加强了实验的指导性，并紧密联系生产实际。同时，对原"综合实验"及"实验报告册"中要求学生自行填写的操作流程框图做了简化改进，更加便于填写和启发学生思维，也降低了教学难度。

3. 教材中增添了"化学实验绿色化的意义与途径"一节内容，以加强对学生环保意识的培养，同时也体现21世纪新教材的科学性与前瞻性。

4. 对于实验中制备的有机化合物，适当地增加了与其相关的阅读资料，有利于激发学生的学习兴趣并拓展其知识视野。

本书作为中等职业学校、技工学校和职业高中的化学、化工、制药、纺织、环保以及分析检验等专业教学用书，也可用作企业职工培训教材，还可供其他化学、化工类专业技术人员参考。

参加本次修订工作的有新疆化工学校高级讲师任素勤、吉林工业职业技术学院教授初玉霞、副教授梁克瑞和实验师高兴，全书由初玉霞统一定稿。关海鹰审阅书稿并提出了修改意见，在此表示诚挚的感谢。

限于编者水平，书中疏漏之处，还望读者批评指正。

编　者

2012年11月

# 目录

# 第一章
# 有机化学实验的基本知识

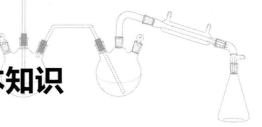

有机化学实验是在特定的环境下进行的化学实验操作训练,实验者必须首先了解与有机化学实验相关的一些基本知识和规则,才能保证实验的顺利进行并取得预想的结果。

有机化学实验的基本知识主要包括有机化学实验的意义、目的、学习方法、安全防护知识、常见小故障的处理以及常用玻璃仪器的洗涤与干燥等。

## 第一节　有机化学实验的意义和目的

有机化学是以实验为基础的科学,有机化学的理论、原理和定律都是在实践的基础上产生,又依靠理论与实践的结合而发展的。随着知识经济时代的到来,有机化学学科也正在迅猛地向前发展。许多化工新产品的开发与应用、工业"三废"的处理、生产技术攻关、环境保护、生命与健康领域的科学研究等都依赖于有机化学实验知识的应用。所以,有机化学实验知识是中等职业技术学校化工类及其相关专业学生必备的知识素质之一,是培养 21 世纪高素质的化学、化工类应用型人才,提高其职业岗位技能的重要组成部分。

有机化学实验的主要目的如下。

① 熟悉有机化学实验的一般知识,掌握有机化学实验的基本操作技能,培养学生的实验动手能力。

② 验证常见有机化合物的性质,掌握重要有机化合物的鉴别方法,丰富学生的感性知

识，巩固、加深和扩充有机化学的基本理论知识。

③ 学会常用的有机化学实验装置的安装与操作，掌握最基本的有机化合物的制备、分离与提纯方法，培养学生正确观察实验现象，准确测量、记录及处理实验数据，科学地表达实验结论，规范地完成实验报告的能力。

④ 了解实用化学品的配制方法，掌握天然有机物的提取技术。培养学生的创新思维和综合运用有机化学实验操作技术的能力。

⑤ 掌握实验室常见问题的处理方法，养成良好的实验习惯。培养学生理论联系实际的工作作风、实事求是的科学态度和独立分析问题、解决问题的能力。

# 第二节　有机化学实验的学习方法

我国著名化学家、中国科学院前任院长卢嘉锡教授说过：科学工作者应具备"$C_3H_3$"，即 Clear head（清醒的头脑）、Clever hand（灵巧的双手）和 Clean habit（整洁的习惯）。这对于我们学好有机化学实验有着重要的指导意义。因为实验课就是要手脑并用、认真思考、认真操作、认真整理。具体有以下三个步骤。

## 一、预习实验

实验前是否充分预习是实验成败的关键之一。预习的方法主要是读、查、写。

读，是指仔细阅读教材中与本实验相关的内容，明确目的要求、实验原理，清楚操作步骤及所需仪器、药品，了解实验的操作注意事项，做到实验前心中有数。

查，是指根据实验需要，查阅有关文献和资料，了解与本实验相关物质的性能和物理参数。

化学实验常用的文献资料有文摘、工具书和专业参考书等。

一般来说，最新的科研成果总是首先发表于各种期刊杂志上。为便于查阅，将发表在各种期刊杂志上的文章收集摘录并做整理，编排出检索目录后再出版，称为文摘。

专门收集各种数据公式、物理常数和理化性质的书籍称为工具书，如辞典、手册等。

专门收集某一专业或某一领域内前人工作经验的书籍称为专业参考书，如《有机合成反应》《化学实验规范》等。

工具书和专业参考书中内容深广、分多册出版的称为系列参考书。

如欲查找数据公式或某化合物的物理常数，辞典、手册便可满足一般要求。如欲查找某一方面的前人经验，如物质的制备方法、性质、来源、用途等，可查阅相应的专业参考书。如欲做更深入、全面、具体的了解，可查阅文摘并通过文摘去查找原始的期刊。

写，是指写好预习笔记。每个学生都应准备专用的实验预习和记录本。在认真阅读教材和查阅资料的基础上，将实验的题目、目的、原理、反应式（主反应及主要的副反应）、主要试剂和产物的物理参数及规格、用量等写在预习笔记本上；将实验的操作步骤用简单明了的文字及符号写出来（如试剂写分子式，克写"g"，毫升写"mL"，加热写"△"，加入写"＋"，沉淀写"↓"，气体逸出写"↑"等）。对于做好实验的关键所在和可能出现的问题，要特别予以标明，以提示自己操作时加以注意。

## 二、实施实验

实施实验时，应严格按操作规程和预定步骤进行。不得随意更改试剂用量、加料顺序、反应时间及操作程序。实验中应认真操作，仔细观察，积极思考。并将观察到的实验现象如实地记录下来。对于实验中出现的异常现象特别要详细、及时地记录，以便分析原因、总结讨论。

实验记录是原始资料，不能随便涂改，更不能事后凭记忆补写。字迹要工整，内容应简明扼要。

## 三、总结实验

实验结束后要认真总结。分析实验现象，整理有关数据和资料，做出结论。制备实验要计算产率并描述产品表观特征。对于实验中出现的问题要加以讨论，并提出对实验的改进意见或建议。在总结整理的基础上，撰写出规范、准确与完整的实验报告。实验报告的格式如下所示（供参考）。

### 有机化合物的性质与鉴定实验报告

实验名称＿＿＿＿＿＿＿＿＿

实验日期＿＿＿＿＿＿＿＿＿　　　室温＿＿＿＿＿＿　　　姓名＿＿＿＿＿＿＿＿＿

实验成绩＿＿＿＿＿＿＿＿＿　　　　　　　　　　　　指导教师＿＿＿＿＿＿＿＿＿

目的要求

实验内容和记录

| 鉴别物质 | 使用试剂 | 反应现象 | 主要反应式 | 实验结论 |
| --- | --- | --- | --- | --- |
| | | | | |

问题讨论

### 有机化合物的制备实验报告

实验名称＿＿＿＿＿＿＿＿＿

实验日期＿＿＿＿＿＿＿＿＿　　　室温＿＿＿＿＿＿　　　姓名＿＿＿＿＿＿＿＿＿

实验成绩＿＿＿＿＿＿＿＿＿　　　　　　　　　　　　指导教师＿＿＿＿＿＿＿＿＿

目的要求

实验原理（制备反应式）

主要试剂规格及用量

实验装置图

操作流程图

实验结果

产品外观＿＿＿＿＿＿　　　产量＿＿＿＿＿＿　　　熔（沸）点＿＿＿＿＿＿

产率计算

问题讨论

### 四、化学实验中常用的手册及参考书

1. 化工辞典（第五版）　姚虎卿主编，化学工业出版社，2014 年 5 月

这是一本综合性的化工工具书，1969 年初版，四次再版，多次重印，每次重印都有增删和修改。其中收集了包括各种化学、化工、医药、材料、环保等词目共 16000 多条。对所涉及的化合物都列出了分子式、结构式、基本的物理化学性质、熔点、沸点、密度及溶解度等数据，并有简要的制法和用途说明。书前附有汉语拼音检字索引及汉字笔画检字索引，书末附有英文索引。具有收词全面、新颖、实用，释义科学、准确、简明、规范，检索查阅方便等特点。

2. 基础化学实验操作规范　李华民主编，北京师范大学出版集团，2018 年 1 月

该书编入了各类化学实验的教学要求和操作规范。书中还编有各类实验仪器或装置的构造、原理、使用方法与注意事项等。对于规范化学实验的操作具有很好的指导作用。

3. 实验化学原理与方法　张济新、邹文樵等编，化学工业出版社，2004 年 3 月

该书是根据原国家教委批准立项的"面向 21 世纪工科化学课程系列改革与实践"课题所编写的教材。全书将各类基础化学实验的教学要求、实验原理与操作方法归纳为：实验室的一般知识、测量误差与实验数据处理、基本物理量的测量原理和技术、物质分离原理与操作、化学合成、物质组分分析、常见离子的分离和鉴定以及实验方法概述等八章内容。对于化学实验教学具有一定的参考价值。

## 第三节　有机化学实验的安全防护知识

在有机化学实验中，经常要使用易燃（如乙醇、丙酮等）、易爆（如乙炔等）、有毒（如甲醇、苯肼等）及有腐蚀性（如浓硫酸、溴等）的化学试剂。这些化学试剂如果使用不当，就有可能发生着火、爆炸、中毒和灼伤等事故。此外，玻璃器皿、电器设备等如使用或处理不当也会发生割伤或触电事故。为有效维护人身安全、确保实验顺利进行，实验者除了严格按规程操作外，还必须对仪器的性能、药品的危害及一般事故的预防与处理等安全知识有所了解。

### 一、实验室安全须知

① 实验前必须认真预习，了解实验中所用危害性药品的安全操作方法。

② 实验前应认真检查所有仪器是否完整无损，装置是否正确稳妥。熟悉实验室内水、电、煤气开关及安全用具的放置地点和使用方法。

③ 实验中所用的任何化学药品，都不得随意散失和遗弃，使用后须放回原处。实验后的残渣、废液等应倒入指定容器内，统一处理。

④ 对于有可能发生危险的实验，应在防护屏后面进行或使用防护眼镜、面罩和手套等防护用具。

⑤ 实验过程中不得擅离岗位，应随时注意观察反应现象是否正常、仪器有无漏气和破裂等。

⑥ 实验室内严禁吸烟、饮食、嬉笑和打闹。

⑦ 实验结束后要及时洗手，关闭水、电等开关。

## 二、常见事故的预防与处理

### 1. 防止火灾

防止火灾就是防止意外燃烧。只要控制意外燃烧的条件，就可有效地防止火灾。

实验室中，使用或处理易燃试剂时，应远离明火。不能用敞口容器盛放乙醇、乙醚、石油醚和苯等低沸点、易挥发、易燃烧液体，更不能用明火直接加热。这些物质应在回流或蒸馏装置中用水浴或蒸汽浴进行加热。

实验用后的易挥发、易燃物质，不可随意乱倒，应专门回收处理。

若一旦不慎发生火情，应立刻切断电源，迅速移开附近一切易燃物质，再根据具体情况，采取适当的灭火措施，将火熄灭。如容器内着火，可用石棉网或湿布盖住容器口，使火熄灭；实验台面或地面小范围着火，可用湿布或黄沙覆盖熄灭；电器着火，可用二氧化碳灭火器熄灭；衣服着火时，切忌惊慌失措、四处奔跑，应用厚的外衣淋湿后包裹使其熄灭，较严重时应卧地打滚（以免火焰烧向头部），同时用水冲淋，将火熄灭。

### 2. 防止爆炸

爆炸事故容易造成严重后果，实验室中应认真加以防范，杜绝此类事故的发生。

实验室中的气体钢瓶应远离热源，避免暴晒与强烈震动。使用钢瓶或自制的氢气、乙炔或乙烯等气体做燃烧实验时，一定要在除尽容器内的空气后，方可点燃。

某些有机过氧化物、干燥的金属炔化物和多硝基化合物等都是易爆的危险品，不能用磨口容器盛装，不能研磨，不能使其受热或受剧烈撞击。使用时必须严格按操作规程进行。

仪器装置不正确，也会引发爆炸。在进行蒸馏或回流操作时，全套装置必须与大气相通，绝不能造成密闭体系。减压或加压操作时，应注意事先检查所用器皿是否能承受体系的压力，器壁过薄或有伤痕都容易发生压炸。

有时由于反应过于激烈，致使某些化合物受热分解，使体系热量突增、气体体积膨胀而引起爆炸。遇此情形，可采取迅速撤离热源、降温和停止加料等措施来缓解险情。

### 3. 防止中毒

化学药品大多都有不同程度的毒性。实验室中，人体中毒主要是通过呼吸道、皮肤渗透及误食等途径发生的。

在进行有毒或有刺激性气体产生的实验时，应在通风橱内操作或采用气体吸收装置。若不慎吸入少量氯气或溴气，可用碳酸氢钠溶液漱口，然后吸入少量酒精蒸气，并到室外空气流通处休息。

任何药品，都不得直接用手接触。取用毒性较大的化学试剂时，应戴防护眼镜和橡皮手套。洒落在桌面或地面上的药品应及时清理。

所有沾染过有毒物质的器皿，实验结束后都应立即进行清洗，并做消毒处理。

实验室内严禁饮食。不得将烧杯作饮水杯用，也不得用餐具盛放任何药品。若误食或溅入口中有毒物质，尚未咽下者应立即吐出，再用大量水冲洗口腔；如已吞下，则需根据毒物性质进行解毒处理。如果吞入强酸，先饮大量水，然后再服用氢氧化铝膏、鸡蛋白；如果吞入强碱，则先饮大量水后，再服用醋、酸果汁和鸡蛋白。无论酸或碱中毒，服用鸡蛋白后，都需灌注牛奶，不要吃呕吐剂。

### 4．防止化学药品灼伤

许多化学药品具有较强的腐蚀性，如果使用不当，与皮肤直接接触，就会造成灼伤。取用这类药品时，也应戴防护眼镜和橡皮手套，以防药品溅入眼内或触及皮肤。一旦因不慎发生灼伤，首先应立即用大量水冲洗；如果是酸灼伤，再用弱碱性稀溶液（如1%碳酸钠溶液）洗；如果是碱灼伤，再用弱酸稀溶液（如1%硼酸溶液）洗；溴液灼伤，用石油醚洗后，再用2%硫代硫酸钠溶液洗，最后都应再用大量水冲洗，严重者需送医院诊治。

### 5．防止玻璃割伤

玻璃仪器容易破损，在安装仪器时要特别注意保护其薄弱部位。如蒸馏烧瓶的支管和温度计的汞球等都属于易损部位，在将其插入橡胶塞孔时，应涂上少许凡士林或水，以增加润滑性。不得强行用力插入，以免仪器破裂，割伤皮肤。

用铁夹固定仪器时，施力要适当，用力过猛不仅会损坏仪器，还会被玻璃碎片割伤。

切割玻璃管（棒）时，其断面应随即熔光，以防锋利的断面划伤皮肤。

发生割伤后，应先将伤口处的玻璃碎片取出，用蒸馏水清洗伤口后，涂上红药水或敷上创可贴药膏。如伤口较大或割破了主血管，则应用力按紧主血管，防止大量出血，急送医院治疗。

### 6．防止电伤害

实验室中应注意安全用电，防止由于用电不当造成的人身伤害。

使用电器设备前，应先用验电笔检查电器是否有漏电现象。使用过程中如察觉有焦煳异味，应即刻切断电源，检查维修，绝不能"带病作业"，以免造成严重后果。

连接仪器的电线接头不能裸露，要用绝缘胶带缠扎。手湿时不能去碰触电源开关，也不能用湿布去擦拭电器及开关。

一旦发生触电事故，应立即切断电源，或用不导电物使触电者脱离电源，然后对其进行人工呼吸并急送医院抢救。

### 7．防止环境污染

对于化学实验过程中产生的废气、废液和废渣等有毒、有害的废弃物，应及时进行妥善处理，以消除或减少其对环境的污染。

实验室排出少量毒性较小的气体，允许直接放空，被空气稀释。根据有关规定，放空管不得低于屋顶3m。若废气量较多或毒性较大，则需通过化学方法进行处理。例如，$CO_2$、$NO_2$、$SO_2$、$Cl_2$、$H_2S$ 等酸性废气可用碱溶液吸收；$NH_3$ 等碱性废气可用酸溶液吸收；CO 可先点燃转变成 $CO_2$ 后，再用碱性溶液吸收等。

有毒、有害的废液和废渣不可直接倾入垃圾堆，必须经过化学处理使其转化为无害物再行排放。例如氰化物可用硫代硫酸钠溶液处理，使其生成毒性较低的硫氰酸盐；含硫、磷的有机剧毒农药可先与氧化钙作用再用碱液处理，使其迅速分解失去毒性；硫酸二甲酯先用氨水、再用漂白粉处理；苯胺可用盐酸或硫酸中和成盐；汞可用硫黄处理生成毒性较小的HgS；含汞盐或其他重金属离子的废液中加入硫化钠，便可生成难溶性的氢氧化物、硫化物等，再将其深埋地下。

## 第四节　实验室常见小故障的处理

实验室中常常会遇到一些意想不到的"小麻烦"，如瓶塞粘固打不开、仪器污垢难除、分液时发生乳化现象等。如能有效地采取适当方法或技巧加以处理，这些麻烦就会迎刃而解。

## 一、打开粘固的玻璃磨口

当玻璃仪器的磨口部位因粘固而打不开时，可采取以下几种方法进行处理。

（1）敲击　用木器轻轻敲击磨口部位的一方，使其因受震动而逐渐松动脱离。对于粘固着的试剂瓶、分液漏斗的磨口塞等，可将仪器的塞子与瓶口卡在实验台或木桌的棱角处，再用木器沿与仪器轴线成约 70°角的方向轻轻敲击，同时间歇地旋转仪器，如此反复操作几次，一般便可打开粘固不严重的磨口。

（2）加热　有些粘固着的磨口，不便敲击或敲击无效，可对粘固部位的外层进行加热，使其受热膨胀而与内层脱离。如用热的湿布对粘固处进行"热敷"、用电吹风或游动火焰烘烤磨口处等。

（3）浸润　有些磨口因药品侵蚀而粘固较牢，或属结构复杂的贵重仪器，不宜敲击和加热，可用水或稀盐酸浸泡数小时后将其打开。如急用仪器，也可采用渗透力较强的有机溶剂（如苯、乙酸乙酯、石油醚及琥珀酸二辛酯等）滴加到磨口的缝隙间，使之渗透浸润到粘固着的部位，从而相互脱离。

## 二、打开紧固的螺旋瓶盖

当螺旋瓶盖拧不开时，可用电吹风或小火焰烘烤瓶盖周围，使其受热膨胀，再用干布包住瓶盖，用力旋开即可。

如果瓶内装有不宜受热或易燃的物质时，也可取一段结实的绳子，一端拴在固定的物体上（如门窗把手），再把绳子按顺时针方向在瓶盖上绕一圈，然后一手拉紧绳子的另一端，一手握住瓶体用力向前推动，就能使瓶盖打开。

## 三、取出被胶塞黏结的温度计

当温度计或玻璃管与胶塞或胶管黏结在一起而难以取出时，可用小改锥或锉刀的尖柄端插入温度计（或玻璃管）与胶塞（或胶管）之间，使之形成空隙，再滴几滴水，如此操作并沿温度计（或玻璃管）周围扩展，同时逐渐深入，很快就会取出。也可用恰好能套进温度计（或玻璃管）的钻孔器，蘸上少许甘油或水，从温度计的一端套入，轻轻用力，边旋转边推进，当难以转动时，拔出，再蘸上润滑剂，继续旋转，重复几次后，便可将温度计（或玻璃管）取出来。

## 四、清除仪器上的特殊污垢

当玻璃仪器上黏结了特殊的污垢，用一般的洗涤方法难以除去时，可先分辨出污垢的性质，然后有针对性地进行处理。

对于不溶于水的酸性污垢，如有机酸、酚类沉积物等，可用碱液浸泡后清洗；对于不溶于水的碱性污垢，如金属氧化物、水垢等，可用盐酸浸泡后清洗；如果是高锰酸钾沉积物，可用亚硫酸钠或草酸溶液清洗；硝酸银污迹可用硫代硫酸钠溶液浸泡后清洗；焦油或树脂状污垢，可用苯、酯类等有机溶剂浸溶后再用普通方法清洗。对于用上述方法都不能洗净的玻璃仪器，可用稀的氢氟酸浸润污垢边缘，污垢就会随着被蚀掉的玻璃薄层脱落，然后用水清洗。而玻璃虽然受到腐蚀，但损伤很小，一般不影响继续使用。

## 五、溶解烧瓶内壁上析出的结晶

在回流操作或浓缩溶液时，经常会有结晶析出在液面上方的烧瓶内壁上，且附着牢固，不仅不能继续参加反应，有时还会因热稳定性差而逐渐变色分解。遇此情况，可轻轻振摇烧瓶，以内部溶液浸润结晶，使其溶解。如果装置活动受限，不能振摇烧瓶时，可用冷的湿布敷在烧瓶上部，使溶剂冷凝沿器壁流下时，溶解析出的结晶。

## 六、清理洒落的汞

实验室中使用充汞压力计操作不当或温度计破损时，都会发生"洒汞事故"。汞蒸气对人体危害极大，洒落的汞应及时、彻底清理，不可流失。清理方法较多，可依不同情况选择使用。

（1）吸收　洒落少量的汞，可用普通滴管，将汞珠一点一滴吸起，收集在容器中。若量较大或洒落在沟槽缝隙中，可将吸滤瓶与一支75°玻璃弯管通过胶塞连接在一起，自制一个"减压吸汞器"，利用负压将汞粒通过玻璃管吸入滤瓶内。吸滤瓶与减压泵之间的连接线可稍长些，以免将汞吸入泵中。

（2）黏附　洒落在桌面（或地面）上的汞，若已分散成细小微粒，可用胶带纸黏附起来，然后浸入水下，用毛刷刷落至容器中。此法简便易行，效果好。

（3）冷冻　汞的熔点为 $-38.87℃$ 。如果在洒落的汞上面覆盖适量的干冰-丙酮混合物，汞就会在几秒之内被冷冻成固态而失去流动性，此时可较为方便地将其清理干净。

（4）转化　对于洒在角落中，用上述方法难以收起的微量汞，可用硫黄粉覆盖散失汞粒的区域，使汞与硫化合成毒性较小的硫化汞，再加以清除。

## 七、消除乳化现象

在使用分液漏斗进行萃取、洗涤操作时，尤其是用碱溶液洗涤有机物，剧烈振荡后，往往会由于发生乳化现象不分层，而难以分离。如果乳化程度不严重，可将分液漏斗在水平方向上缓慢地旋转摇动后静置片刻，即可消除界面处的泡沫，促进分层。若仍不分层，可补加适量水后，再水平旋转摇动或放置过夜，便可分出清晰的界面。

如果溶剂的密度与水接近，在萃取或洗涤时，就容易与水发生乳化。此时可向其中加入适量乙醚，降低有机相密度，而便于分层。

对于微溶于水的低级酯类与水形成的乳化液，可通过加入少量氯化钠、硫酸铵等无机盐的方法，促其分层。

## 八、快速干燥仪器

当实验中急需使用干燥的仪器，又来不及用常规方法烘干时，可先用少量无水乙醇冲洗仪器内壁两次，再用少量丙酮冲洗一次，除去残留的乙醇，然后用电吹风吹片刻，即可达到干燥效果。

## 九、稳固水浴中的烧瓶

当用冷水或冰浴冷却锥形瓶中的物料时，常会由于物料量少、浴液浮力大而使烧瓶漂起，影响冷却效果，有时还会发生烧瓶倾斜灌入浴液的事故。如果用长度适中的铅条做成一个小于锥形瓶底径的圆圈，套在烧瓶上，就会使烧瓶沉浸入浴液中。若使用的容器是烧杯，则可将圆圈套住烧杯，用铁丝挂在烧杯口上，使其稳固并达到充分冷却的目的。

## 十、制作简易的恒温冷却槽

当某些实验需要恒温槽的温度较长时间保持低于室温时，用冷水或冰浴冷却往往达不到满意的效果。这时可自制一个简易的恒温冷却槽：用一个较大些的纸箱（试剂或仪器包装箱即可）作外槽，把恒温槽放入纸箱中作内槽，内外槽之间放上适量干冰，再用泡沫塑料作保温材料，填充空隙并覆盖住上部。干冰的用量可根据实验所需温度与时间来调整。这种冷却槽制作简便，保温效果好。

# 第五节　常用玻璃仪器和器材

有机化学实验常用玻璃仪器和器材的名称、图示和主要用途见表 1-1。

**表 1-1　常用玻璃仪器和器材的名称、图示和主要用途**

| 名称与图示 | 主要用途 | 备注 | 名称与图示 | 主要用途 | 备注 |
|---|---|---|---|---|---|
| 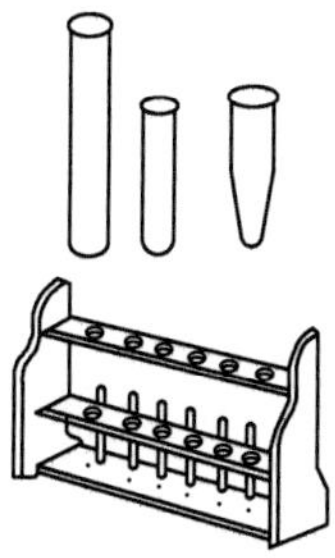 试管和试管架 | 用于少量试剂的反应容器或收集少量气体　试管架用于承放试管 | 可用于直接加热 |  烧杯 | 用于溶解固体、配制溶液、加热或浓缩液体 | 可放在石棉网或电炉上直接加热 |
| | | |  锥形瓶 | 用于贮存液体、混合液体及少量溶液的加热,也可用作反应器 | 可放在石棉网或电炉上直接加热,但不能用于减压蒸馏 |

| 名称与图示 | 主要用途 | 备注 | 名称与图示 | 主要用途 | 备注 |
|---|---|---|---|---|---|
| 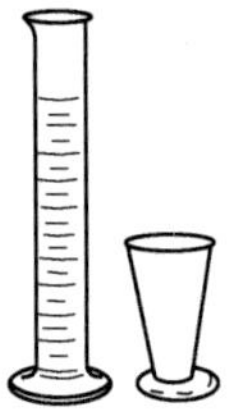 量筒和量杯 | 量取液体 | 不能加热,不能作反应容器 | 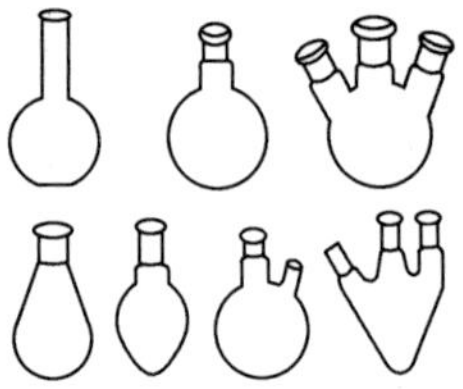 烧瓶 | 在常温或加热条件下作反应容器,多口的可装配温度计、冷凝管和搅拌器等 | 平底的不耐压,不能用于减压蒸馏 |
| 漏斗 (a) (b) | (a)用于普通过滤或将液体倾入小口容器中;(b)用于保温过滤 | (a)不能用火直接加热;(b)可用小火加热支管处 | 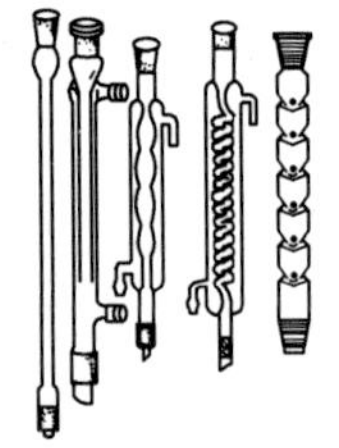 冷凝管  分馏柱 | 冷凝管用于蒸馏、回流装置中 分馏柱用于分馏装置中 | 普通蒸馏常用直形冷凝管;回流常用球形冷凝管;沸点高于140℃时常用空气冷凝管 |
| 圆形分液漏斗和梨形分液漏斗 | 用于液体的洗涤、萃取和分离。有时也可用于滴加液体 | 不能直接用火加热,活塞不能互换 | 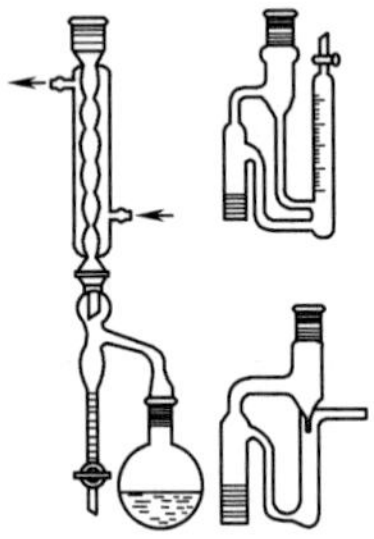 水分离器 | 用于分离酯化反应中生成的水 | |
| 滴液漏斗 (a) (b) | 用于滴加液体。其中(b)为恒压滴液漏斗,当反应体系内有压力时,仍可顺利地加液体 | 不能直接用火加热,活塞不能互换 | 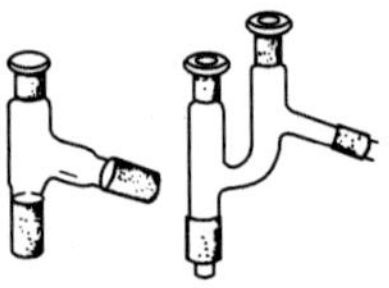 蒸馏头 | 与烧瓶组合后用于蒸馏 | 二口的为克氏蒸馏头,可用作减压蒸馏 |
| 吸滤瓶和布氏漏斗 | 用于减压过滤 | 不能直接用火加热 | 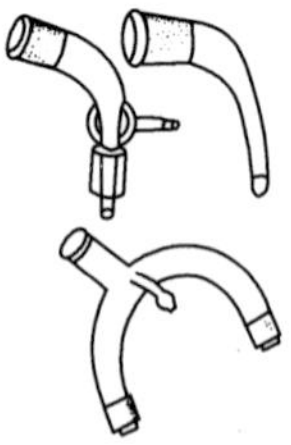 接液管 | 用于蒸馏中承接冷凝液。带支管的用于减压蒸馏中 | |
| 熔点测定管 | 用于测定熔点 | | 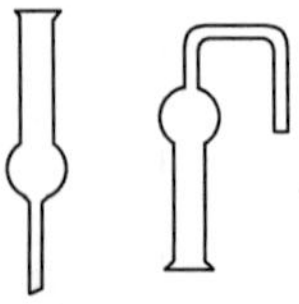 干燥管 | 盛放干燥剂,用于无水反应装置中 | |

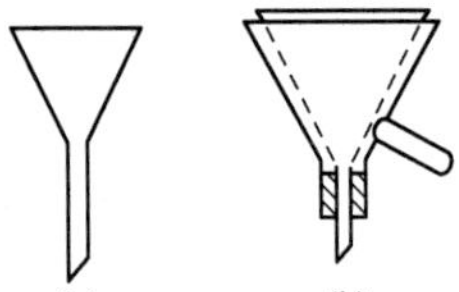

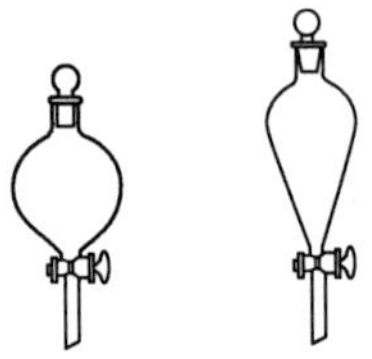

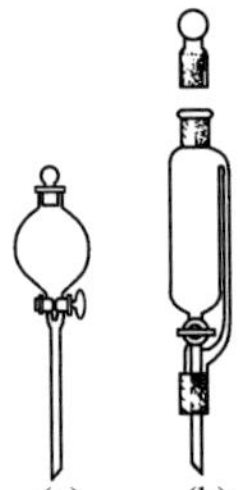

| 名称与图示 | 主要用途 | 备　注 | 名称与图示 | 主要用途 | 备　注 |
|---|---|---|---|---|---|
| 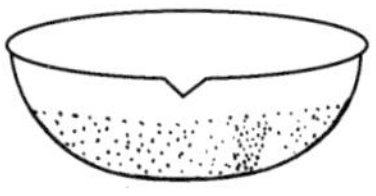 蒸发皿 | 蒸发或浓缩溶液用,也可用于灼烧固体 | 耐高温,但不宜骤冷 | 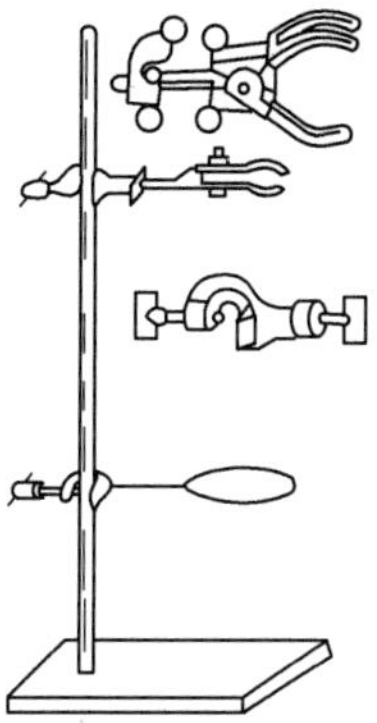 铁架台、铁圈及铁夹 | 用于固定仪器。铁圈还可以承放容器和漏斗 | |
|  研钵 | 用于混合、研磨固体物质 | 常为玻璃或瓷质,不能加热 | | | |
|  水浴锅 | 用于恒温加热 | | 钻孔器 | 用于塞子钻孔 | |
|  三脚架 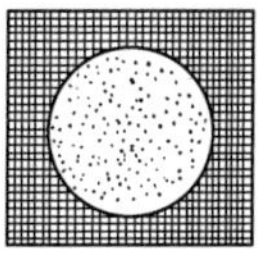　石棉网 | 常配合使用,承放受热容器并使其受热均匀 | | 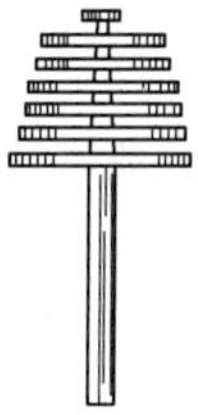 | | |

# 第六节　玻璃仪器的清洗与干燥

实验结束后应立即清洗所用玻璃仪器,久置不洗会使污物牢固地黏附在器壁上而难以除去。实验者应养成及时清洗、干燥玻璃仪器的良好实验习惯。

## 一、玻璃仪器的清洗

玻璃仪器的清洗应根据实验的要求、污物的性质及沾污程度,有针对性地选择不同的洗涤方法进行清洗。

对于水溶性污物,只要在仪器中加入适量自来水,稍用力振荡后倒掉,再反复冲洗几次即可洗净。对于冲洗不掉的污物,可用毛刷蘸水和去污粉或洗涤液进行刷洗。如果仪器上黏结了"顽固"的污垢,则需根据污物性质选择合适的化学试剂进行浸泡后再刷洗(详见第四节"实验室常见小故障的处理")。

玻璃仪器洗净的标志是把仪器倒置时,均匀的水膜顺器壁流下,不挂水珠。洗净后的仪器不能再用纸或布擦拭,以免纸或布的纤维再次污染仪器。

## 二、玻璃仪器的干燥

进行无水操作的实验时，需要干燥的仪器。干燥除水常用以下方法。

（1）自然干燥　对于不急用的仪器，可在洗净后，倒置在仪器架上，自然晾干。

（2）烘箱干燥　将清洗过的仪器倒置控水后，放入烘箱内，在 $105 \sim 110^{\circ}C$ 恒温约 30min，即可烘干。一般应在烘箱温度自然下降后，再取出仪器。如因急用，在烘箱温度较高时取用仪器，应用干布垫上后取出，在石棉网上放置，冷却至室温后方可使用。

注意：有刻度的仪器（如量筒）和厚壁器皿（如吸滤瓶）等不耐高温，不宜用烘箱干燥。

（3）热气干燥　电吹风机的热空气可将小件急用仪器快速吹干。此外，使用气流干燥器效果也很好。

# 第七节　化学实验绿色化的意义与途径

在全球掀起绿色化学革命的今天，环保理念已日益深入人心，化学实验的绿色化也成为化学工作者需要认真研究的课题之一。

### 1. 化学实验绿色化的意义

20 世纪化学工业的飞速发展在保证和提高人类生活质量方面起到了无可替代的作用。但与此同时，随着化学品的大量生产和广泛应用，也给人类原本和谐的生态环境带来了污水、烟尘、难以处置的废物和各种各样的毒物，严重地威胁着人们的健康，危害着地球。这种情况引起了越来越多人的关注。1990 年，美国国会通过了《污染预防法案》，明确提出了污染预防这一概念，要求杜绝污染源。指出最好的防止有毒化学物质危害的办法是从一开始就不生产有毒物质，不形成废弃物。这个法案推动了化学界为预防污染、保护环境做进一步的努力。人们赋予这一新事物以十分贴切的名称：绿色化学。

随着人类跨入 21 世纪，"绿色化学"已成为化学学科研究的热点和前沿，被视为新世纪化学发展的方向之一。绿色化学已提升到"是对人类健康和生存环境有益的正义事业"的高度。

绿色化学就是环境友好化学，它主张从源头消除污染，不再使用有毒、有害物质，不再产生废物，不再处理废物。在化学实验中，虽然每次实验排放污染物的量不是很大，但因所用药品种类繁多，试剂变化较大，排放的废弃物成分复杂，累积的污染也就不容忽视。提倡绿色化学实验，尽量做无毒害的实验，无害化处理实验的废弃物，实现零排放，已是化学实验教学中不可忽略的内容之一。如果在化学实验过程中，处处体现绿色化学理念，尽量防止或减小化学实验造成的环境污染及对人体的危害，就能使化学实验逐步实现绿色化。

### 2. 化学实验绿色化的途径

（1）加强环境保护教育，培养绿色化学意识　现行教材中，涉及污染与环保的内容较多，应结合有关教学内容对学生进行环境保护教育。可把环境污染的典型事例自然、生动地渗透到化学实验教学中，让学生了解污染给人们带来的危害，培养学生对环境保护的责任感，提高他们对绿色化学实验重要性的认识。要通过化学实验培养学生环保习惯，使学生能够自发产生防止环境污染的行为和意识，知道如何阻断污染源，真正实现化学实验绿色化。

（2）在化学实验中体现"原子经济"思想　原子经济是指反应原料分子中的原子百分之百地转变成产物，而没有副产物或废物生成，实现废物的"零排放"。在可能的情况下，化学实验的制备反应应尽量选择"原子经济反应"，例如在

$$Si + C \xrightarrow{\triangle} SiC$$

这一化学反应中原子的利用率可达100%。

（3）采用无毒无害的实验原料及溶剂　教学实验的主要目的是训练学生的实验操作技能。因此应尽可能选用无毒无害的实验原料，以避免污染的产生。例如在训练学生"水蒸气蒸馏"的操作技术时，将传统的实验原料乙酰苯胺改为白苏叶或八角茴香，既避免了乙酰苯胺的毒性危害，又增强了实验内容的实用意义。

在物质的制备、萃取及重结晶提纯等实验中，常需使用大量的挥发性有机溶剂。这些有机溶剂在使用过程中有的会引起地面臭氧的形成，有的会造成水源污染。因此采用无毒无害的溶剂代替挥发性有机溶剂已成为绿色化学的重要研究方向。例如开发无毒性、不可燃、价格低廉的超临界二氧化碳作溶剂。超临界二氧化碳是指温度和压力均在其临界点（311℃、7477.7kPa）以上的二氧化碳流体。它通常具有液体的密度，因而有常规液态溶剂的溶解能力；在相同条件下，它又具有气体的黏度，因而有很高的传质速度；此外，由于还具有较大的可压缩性，因此其密度、溶解度和黏度等性能均可由压力和温度的变化来调节。

（4）采用无毒无害的催化剂　许多液体酸催化剂如氢氟酸、硫酸、氯化铝等，不仅容易腐蚀实验设备，还产生"三废"，污染环境并对人体造成危害。近年来开发的固体酸催化剂在物质的合成中收到了十分理想的效果。化学实验中应尽量选择这类催化剂。例如在"乙烯的制备"实验中，用硫酸铝代替浓硫酸催化反应，取得了令人满意的结果。

（5）倡导微型化、少量化实验　微型化学实验是20世纪80年代在西方掀起的一种实验方法，其优点是药品用量小，微量排放，减少污染。在保证实验现象明显、实验结果正确的前提下，对不可避免会形成污染的实验应尽可能使其微型化、少量化，本着能小不大，能少不多的原则设计实验原料及其他试剂用量，使污染程度降到最低。

（6）药物回收利用，废弃物集中处理　化学实验中，有许多溶剂回收后可重复使用，有些实验产品可作为另一实验的原料。及时回收、充分利用这些溶剂和产品，不仅可防止其对环境产生污染，还可降低消耗，节约开支。例如"从茶叶中提取咖啡因"这一实验中所用的溶剂乙醇，经蒸馏回收后可循环使用；在"重结晶"实验中提纯的苯甲酸可用作"熔点测定"实验的原料等。

对于化学实验中不可避免产生的污染性废弃物，可统一收集起来进行集中处理，使其转化为非污染物。例如废酸和废碱液经中和至中性后排放；含重金属废液通过适当的化学反应转化为难溶物后填埋；某些有机废弃物（如苯、甲苯等）可焚烧，使其转变为无害气体等。

总之，在全球倡导绿色化学的今天，应当把化学实验绿色化的理念贯穿于实验教学的全过程，为减少污染，保护环境做出应有的贡献。

【思考题】

1. 通过有机化学实验，应该达到哪些学习目的？

2. 进行有机化学实验前，为什么需要充分预习？

3. 进行有机化学实验时，应遵守实验室的哪些规则？

4. 实验室中如何防止火灾事故的发生？衣服着火时应如何处理？

5. 在化学实验中，应采取哪些环保措施来减少环境污染？

## 小资料

### 头发也可监测环境污染

19世纪的欧洲风云人物拿破仑死于1821年，他的死因众说纷纭，成为一个历史之谜。在拿破仑死后150年，一则新闻引起了科学界的高度重视，有人化验了拿破仑的一根头发，结果显示，里面的砷含量较高，医学专家由此推断，拿破仑很可能死于地方性砷中毒。因为拿破仑1815年战败于滑铁卢后被软禁在美属圣赫勒拿岛，6年后死去。而圣赫勒拿岛上的食物和生活用水中砷含量都比较高。

在直径只有0.05～0.125mm的发丝中，不仅含有组成蛋白质的近20种氨基酸，还含有极丰富的微量元素，如铜、铁、锌、铅、镉、镍、钼、钴、锰、磷、硫等。人发中微量元素的含量有其正常值，当不良生存环境特别是有害重金属对人的机体造成危害时，相应元素的含量会发生明显改变，可依据它们的变化来检测人体健康和环境污染情况。环境医学工作者形象地将人的头发比做"重金属对人体污染的录像带"。

# 第二章
# 有机化学实验的基本操作

**知识目标**

· 了解有机化学实验中常用的基本操作技术，初步掌握其操作方法；

· 了解利用萃取、蒸馏、分馏、重结晶及升华等方法分离提纯有机物的基本原理；

· 初步掌握分离提纯技术的一般过程和操作方法。

**技能目标**

· 能应用加热、冷却、干燥、洗涤、结晶、过滤和升华等基本操作技术；

· 会使用分液漏斗和脂肪提取器；

· 能安装与操作普通蒸馏、简单分馏、水蒸气蒸馏和减压蒸馏等仪器装置。

在有机化学实验中，经常要用到加热、冷却、萃取、洗涤、干燥、重结晶、过滤、蒸馏、分馏、升华、玻璃管的简单加工、塞子的钻孔以及仪器的连接等操作，实验者必须熟练掌握这些化学实验的基本操作技术。

## 第一节　加热与冷却

加热与冷却是化学实验中最常用的操作技术之一。采用不同的热源或冷却剂，便能获得不同的加热或冷却温度，可根据实验的具体需要进行选择。

### 一、加热

有机化学实验室中常用的加热方式有直接加热和间接加热两种。

（1）直接加热　直接加热常用酒精灯和电炉作热源。酒精灯使用方便，但加热强度不大，又属明火热源，常用于加热不易燃烧的物质。电炉使用较为广泛，加热强度可调控，但也属于明火热源。

（2）间接加热　间接加热是指通过传热介质作热浴的加热方式。具有受热面积较大，受热均匀，浴温可控和非明火加热等优点。常用的热浴有水浴、油浴、沙浴和空气浴等。

加热温度在90℃以下的可采用水浴。水浴使用方便、安全，但不适于需要严格无水操作的实验（如制备格氏试剂或进行傅氏反应）。

加热温度在90～250℃的可用油浴。常用的油类有甘油、硅油、食用油和液体石蜡等。油类易燃，加热时应注意观察，发现有油烟冒出时，应立即停止加热。

加热温度在250～350℃的可用沙浴。沙浴使用安全，但升温速度较慢，温度分布不够均匀。

目前，实验室中广泛使用的电加热套（电热包）是一种以空气浴形式加热的热源，使用较为方便、安全，适当保温时，加热温度可达400℃以上。

近年来出现的新型热源——微波加热，安全可靠，温度可调，属非明火热源，具有广泛的应用前景。

## 二、冷却

有些反应需要在低温下进行（如重氮化反应），还有些反应因大量放热而难以控制，为除去过剩的热量，都需要冷却。结晶时，为降低物质在溶剂中的溶解度，便于结晶析出完全，也需要进行冷却。

最简单的冷却方法就是把盛有待冷却物质的容器浸入冷水或冰-水（碎冰与水的混合物）浴中。

如果需要冷却的温度在0℃以下时，可采用冰和盐的混合物作冷却剂（详见表2-1）。

表 2-1　冰-盐冷却剂

| 盐类 | 盐/(g/100g 碎冰) | 冰浴最低温度/℃ | 盐类 | 盐/(g/100g 碎冰) | 冰浴最低温度/℃ |
|---|---|---|---|---|---|
| $NH_4Cl$ | 25 | −15 | $CaCl_2 \cdot 6H_2O$ | 100 | −29 |
| NaCl | 30 | −20 | $CaCl_2 \cdot 6H_2O$ | 143 | −55 |
| $NaNO_3$ | 50 | −18 | | | |

把干冰与某些有机溶剂（如乙醇、氯仿等）混合，可得到更低的温度（−70～−50℃）。

必须注意：当温度低于−38℃时，不能使用水银温度计（水银在−38.87℃凝固），而应用内装有机液体的低温温度计。

想一想

利用干冰可以进行人工降雨，你知道为什么吗？

## 第二节　干燥与干燥剂

干燥是指除去潮湿物质中的少量水分。干燥的方法有物理法和化学法两种。

物理法是通过吸附、分馏、共沸蒸馏等除去物质中的水分。其中分馏和共沸蒸馏主要用于除去液体有机物中较大量的水分。化学法是利用干燥剂吸收水分，通常是吸收物质中的微量水分。

## 一、气体物质的干燥

气体的干燥可采用吸附法。常用的吸附剂是氧化铝和硅胶。氧化铝的吸水量可达到其自身质量的 $15\%\sim20\%$，硅胶可达到 $20\%\sim30\%$。也可使气体通过装有干燥剂的干燥管、干燥塔或洗涤瓶进行干燥。干燥剂的选择可依气体的性质而定。如氢气、氯化氢、一氧化碳、二氧化碳、氮气、氧气及低级烷烃、烯烃、醚、卤代烃等可用氧化钙、碱石灰、氯化钙、氢氧化钠或氢氧化钾等作干燥剂；氢气、氧气、二氧化碳、二氧化硫及烷烃、乙烯等可用五氧化二磷进行干燥；氧气、氮气、氯气、二氧化碳和烷烃等可用浓硫酸进行干燥。

干燥管或干燥塔中盛放的块状或粒状固体干燥剂不能装得太实，也不宜使用粉末，以便气流通过。

使用装在洗气瓶中的浓硫酸作干燥剂时，其量不可超过洗气瓶容量的 1/3，通入气体的流速也不宜太快，以免影响干燥效果。

## 二、液体物质的干燥

### 1. 干燥剂

液体有机物中的微量水分常用干燥剂脱除。干燥剂的种类很多，效能也不尽相同（详见表 2-2），选用时应考虑以下因素。

**表 2-2　各类有机物常用干燥剂**

| 干燥剂 | 酸碱性 | 适用有机物 | 干燥效果 |
|---|---|---|---|
| $H_2SO_4$（浓） | 强酸性 | 饱和烃、卤代烃 | 吸湿性较强 |
| $P_2O_5$ | 酸性 | 烃、醚、卤代烃 | 吸湿性很强，吸收后需蒸馏分离 |
| Na | 强碱性 | 卤代烃、醇、酯、胺 | 干燥效果好，但速度慢 |
| $Na_2O,CaO$ | 碱性 | 醇、胺、醚 | 效率高，作用慢，干燥后需蒸馏分离 |
| KOH，NaOH | 强碱性 | 醇、醚、胺、杂环 | 吸湿性强，快速有效 |
| $K_2CO_3$ | 碱性 | 醇、酮、胺、酯、腈 | 吸湿性一般，速度较慢 |
| $CaCl_2$ | 中性 | 烃、卤代烃、酮、醚、硝基化合物 | 吸水量大，作用快，效率不高 |
| $CaSO_4$ | 中性 | 烷、醇、醚、醛、酮、芳香烃 | 吸水量小，作用快，效率高 |
| $Na_2SO_4$ | 中性 | 烃、醚、卤代烃、醇、酚、醛、酮、酯、胺、酸 | 吸水量大，作用慢，效率低，但价格便宜 |
| $MgSO_4$ | 中性 | 同 $Na_2SO_4$ | 较 $Na_2SO_4$ 作用快，效率高 |
| 3A 分子筛<br>4A 分子筛 | | 各类化合物 | 快速有效吸附水分，并可再生使用 |

① 不与被干燥物质发生化学反应。
② 不能溶解于被干燥物质中。
③ 吸水量大，干燥效能高。
④ 干燥速度快，节省实验时间。
⑤ 价格低廉，用量较少，利于节约。

### 2. 干燥剂的用量

干燥剂的用量可根据被干燥物质的性质、含水量及干燥剂自身的吸水量来决定。对于分子中有亲水性基团的物质（如醇、醚、胺、酸等），其含水量一般也较大，需要的干燥剂多些。

如果干燥剂吸水量较少，效能较低，需要量也较大。一般每10mL液体加0.5~1g干燥剂即可。

### 3. 干燥操作

液体有机物的干燥通常可在锥形瓶中进行。将已初步分净水分的液体倒入锥形瓶中，加入适量干燥剂，塞紧瓶口，轻轻振摇后静置观察，如发现液体浑浊或干燥剂粘在瓶壁上，应继续补加干燥剂并振摇，直至液体澄清后，再静置30min或放置过夜。可用无水硫酸铜（白色，遇水变为蓝色）检验干燥效果。

加入干燥剂的颗粒大小要适中，太大吸水缓慢、效果差，若过细则吸附有机物多，影响收率。

## 三、固体物质的干燥

固体有机物的干燥是指除去残留在固体中的微量水分或有机溶剂。

对于在空气中稳定、不分解、不吸潮的固体，可将其放在洁净、干燥的表面皿上，摊成薄层，上面盖一张滤纸，以防污染，在空气中自然晾干，此法既简便又经济。

对于熔点较高且遇热不易分解的固体，可放在表面皿或蒸发皿中，用烘箱烘干。注意加热温度必须低于固体有机物的熔点。

如果是易吸潮、易分解或易升华的固体有机物，可放在干燥器内进行干燥，但一般需要时间较长。干燥器内常用硅胶、氯化钙等作干燥剂吸收微量水分，用石蜡片作干燥剂吸收微量有机溶剂。

### 想一想

放在干燥器内的蓝色硅胶，使用一段时间后，变成了红色，经加热又变回蓝色。这一过程发生的是什么反应？

# 第三节　玻璃管的简单加工与仪器的装配

在有机化学实验中，常常需要将玻璃管制成各种形状和规格的配件去装配仪器。这些配件，一般可由实验者自己来做。

## 一、玻璃管的简单加工

实验室中，玻璃管的简单加工通常包括玻璃管（棒）的切割、弯制和拉伸等。

### 1. 玻璃管（棒）的切割

经过洗净和干燥的玻璃管，在加工成各种形状之前，首先要切割成所需要的长度。切割玻璃管常用折断法和点炸法。

（1）折断法　该法操作包括两个步骤：一是锉痕，二是折断。

锉痕时，把玻璃管平放在实验台的边缘上，左手按住玻璃管要切割的部位，右手持锉刀，将棱锋压在切割点上，用力向前或向后划，左手同时把玻璃管缓慢朝相反方向转动，这样就能在玻璃管上划出一道清晰、细直的凹痕（见图 2-1）。注意，锉痕时，锉刀不能来回运动，这样会使锉痕加粗，不便折断或折断后断面边缘不整齐。

折断时，先在锉痕处滴上水（降低玻璃强度），然后两手分别握住锉痕的两边，将锉痕朝外，两手拇指抵住锉痕的背面，稍稍用力向前推，同时向两端拉（三分推力，七分拉力），这样就可把玻璃管折成整齐的两段（见图 2-2）。有时为了安全，也可在锉痕的两边包上布后再折断。

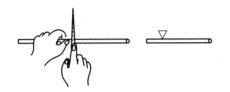
图 2-1　玻璃管的锉痕

图 2-2　玻璃管的折断

（2）点炸法　当需要在玻璃管接近管端处截断时，用折断法不便两手平衡用力，这时可采用点炸法。点炸法也需先锉痕，方法与折断法相同。然后将一端拉细的玻璃棒在灯焰上加热到白炽而成珠状的熔滴，迅速将此玻璃熔滴触压到滴上水的锉痕的一端，锉痕由于骤然强热而炸裂，并不断扩展成整圈，此时玻璃管可自行断开。如果裂痕未扩展成圆圈，可再次熔烧玻璃棒，用熔滴在裂痕的末端引导，重复此操作多次，直至玻璃管完全断开为止。有时裂痕扩展到周长的 90％后，只要轻轻一敲，玻璃管就会整齐断开。

玻璃棒的切割方法与玻璃管相同。

切割后的断口非常锋利，容易割伤皮肤或损坏橡胶管，也不易插入塞子的孔道，因此必须进行熔光。熔光时，将玻璃管（棒）的断口放在喷灯氧化焰的边缘上转动加热，直到断口熔烧光滑为止。但要注意熔烧时间不能太长，以防口径热缩变形。

**2. 玻璃管的弯制**

实验中，经常用到不同弯度的玻璃管。这时，可将玻璃管要弯曲的部位在火焰上端烧软，然后离开火焰，将其弯曲成需要的角度。

弯制玻璃管有快弯和慢弯两种方法。

（1）快弯法　快弯法又叫吹气弯曲法。先将玻璃管的一端烧熔，用镊子（或用已烧熔管端的玻璃管）拽去管头，使玻璃管熔封。待冷却后，两手平持玻璃管，将需要弯曲的部位在小火中来回移动预热。然后在氧化焰中均匀、缓慢地旋转加热，其加热面应约为玻璃管直径的 3 倍。当烧软到接近流淌的程度，离开火焰，将玻璃管迅速按竖直、弯曲、吹气三个连续动作，弯制成所需要的角度。如果一次弯曲的角度不合适，可以在吹气后，立即进行小幅度调整（见图 2-3）。

快弯法能使玻璃管获得较为圆滑的弯曲，需要的时间短，速度快，但初学者不易掌握。

（2）慢弯法　慢弯法又叫分次弯曲法。操作时平持玻璃管，将需要弯曲的部位在火焰上端预热后，再放入氧化焰中加热，受热部位应为 4～5cm 宽（若因灯焰所限，受热面不够宽，可把玻璃管斜放在氧化焰中加热）。加热时，要求两手均匀缓慢地向同一方向转动玻璃管，不能向内或向外用力，避免改变管径。当受热部位手感软化时（玻璃未改变颜色），离开灯焰，轻轻弯成一定角度（约 20°），如此反复操作，直到弯曲成需要的角度为止（见图 2-4）。

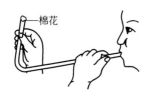

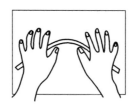

图 2-3　吹气弯曲法　　　　　　　　　　　图 2-4　慢弯法

注意：当玻璃管弯出一定角度后，再加热时，就须使顶角的内外两侧轮流受热，同时两手要将玻璃管在火焰上作左右往复移动，以使弯曲部位受热均匀。

弯管时，不能急于求成，烧得太软，弯得太急，容易出现瘪陷和纠结；若烧得不软，用力过大，则容易折断。

慢弯法操作时间长些，但初学者容易掌握。

弯制合格的玻璃管，从整体上看，应该在同一平面内，无瘪陷、扭曲和纠结现象，内径不变。

（3）退火　无论用哪种方法弯制玻璃管，最后都需进行退火处理。退火是将刚刚加工完的玻璃制品的受热部位，放入较弱的火焰中重新加热一下，并扩宽受热面积，以抵消管内的热膨胀，防止炸裂。

经过退火处理的弯管要放在石棉网上自然冷却。不能放在实验台的瓷板上或沾上冷水，以免因骤冷而发生破裂。

### 3. 玻璃管的拉伸

实验中使用的滴管和毛细管都是将玻璃管烧软后拉制而成的。

（1）拉制尾管　取一根直径适当、长约 30cm 的玻璃管，双手持握两端，将中间部位经小火预热后，于氧化焰中左右往复移动加热，待玻璃管烧至微红变软时，离开火焰，边往复旋转，边缓慢拉长（见图 2-5）。要求拉伸部分圆而直，尖端口径不小于 2mm。要注意，在玻璃变硬之前，不能停止旋转和松手。待玻璃变硬后，置于石棉网上冷却，再按所需长度，切割成尾管。

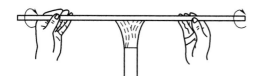

图 2-5　玻璃管的拉制

最后将尾管细口端在弱火中熔光。粗口端在强火中均匀烧软后，垂直在石棉网上按一下，使其外缘突出，冷却后，装上橡胶乳头，即成一支滴管。

（2）拉制毛细管　拉制毛细管要求用薄壁、内径为 0.8～1cm 的玻璃管，必须洗净、烘干，因为拉成毛细管后，就不能再洗涤了。

拉制毛细管的操作手法与拉尾管相似，只是加热的程度不同。拉毛细管需要将玻璃烧得更软些，当受热部分变成红黄色时，从火焰中移出，两手平稳地、边往复旋转边水平拉伸，直到拉成需要的规格为止（测熔点用的毛细管内径为 1～1.2mm）。拉伸的速度为先慢后快。冷却后，将符合要求的部分用砂片截取 15cm 长，并将两端于酒精灯的小火焰边缘处在不断转动下熔封。熔封的管底，越薄越好，应避免有较厚的粒点形成。使用时，用砂片从中间轻轻截断，就变成两支测熔点用的毛细管了。

## 二、仪器的装配

仪器的装配有两种情况，一种是标准磨口玻璃仪器的装配，另一种是普通玻璃仪器的装配。

标准磨口仪器是统一口径的玻璃仪器。根据其磨口内径（单位为 mm）可分为多种规格，常见的有 10♯、14♯、16♯、24♯、32♯ 等不同口径。相同口径的仪器可以互相之间自由组合成不同的实验装置。连接时可在接口处涂抹微量水并旋转排出空气，以保证连接牢靠和装置的气密性。

普通玻璃仪器的装配是指通过塞子、玻璃管及胶管等将各仪器部件连接在一起，组装成可供实验使用的装置。装配仪器的塞子需根据仪器和玻璃管的规格以及实验的不同需要进行正确选配和钻孔。

### 1. 塞子的选配

实验室中常用的塞子有玻璃磨口塞、橡胶塞和软木塞等。它们主要用于封口和仪器的连接安装。玻璃磨口塞用于磨口仪器中，能与带磨口的瓶子很好地密合，密封效果好。橡胶塞气密性很好，能耐强碱，但容易被强酸侵蚀或被有机溶剂溶胀。软木塞不易与有机物作用，但气密性较差，且容易被酸碱侵蚀。由于橡胶塞和软木塞可根据实验需要进行钻孔，所以装配仪器时常用橡胶塞和软木塞。

选配塞子应与仪器口径的大小相适应。塞子进入瓶颈（或管颈）的部分应不小于塞子本身高度的 1/3，也不大于 2/3，一般以大约 1/2 为宜（见图 2-6）。

正确　　　不正确　　　不正确

图 2-6　塞子的选配

### 2. 塞子的钻孔

在不使用磨口仪器时，为使不同仪器相互连接，需要在塞子上钻孔。软木塞在钻孔前，要用压塞机碾压紧密，以增加其气密性并防止钻孔时裂开。在软木塞上钻孔时，要选用比欲插入的玻璃管（或温度计）外径稍小些的钻孔器，以保证不漏气。在橡胶塞上钻孔时，则要选用比欲插入的玻璃管（或温度计）外径稍大些的钻孔器，因为橡胶弹性较大，钻完孔后会收缩，使孔变小。

钻孔时，将塞子小的一端朝上，放在一块小木板上（以防钻伤桌面），左手扶住塞子，右手持钻孔器（为减小摩擦，钻孔器可涂上少许甘油或水作润滑剂），在需要钻孔的位置，一面向下施加压力，另一面按顺时针方向旋转。要垂直均匀地钻入，不能左右摆动，更不能倾斜（见图 2-7）。

为防止孔洞钻斜，当钻至约 1/2 时，可将钻孔器按逆时针方向旋出，然后再从塞子的另一端对准原来的钻孔，垂直地把孔钻通。拔出钻孔器后，用金属棒捅出钻孔器中的塞芯。若孔径略小或孔道不光滑，可用圆锉进行修整。

　　若要在一个塞子上钻两个孔时，应注意使两个孔道互相平行，否则会使插入的两根管子歪斜或交叉，影响正常使用。

图 2-7　塞子钻孔

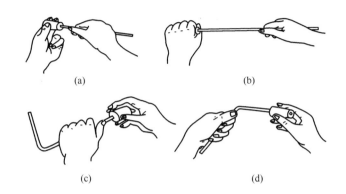

图 2-8　玻璃管与塞子的连接方法
(a)、(c) 正确；(b)、(d) 不正确

钻孔器的刀刃部位用钝后要及时用刮孔器或锉刀修复。

### 3. 仪器的安装

　　仪器安装的正确与否，对实验的成败有很大影响。虽然各类仪器的具体装配方法有所不同，但一般都应遵循下列原则。

　　① 仪器与配件的规格和性能要适当。如回流加热的实验应选用圆底烧瓶作反应容器，所盛物料应为其容积的 $1/2 \sim 2/3$。

　　② 仪器与配件要经过洗涤和干燥。

　　③ 仪器与配件上的塞子要在组装以前配置好。将玻璃管（或温度计）插入塞子时，应先用甘油或水润湿欲插入的一端，然后一手持塞子，一手握住玻璃管（或温度计）距塞子 $2 \sim 3 \mathrm{cm}$ 处，均匀而缓慢地将其旋入塞孔内，不能用顶进的方法强行插入（见图 2-8）。

　　插入或拔出玻璃管（或温度计）时，握管的手都不能距塞子过远，也不能握玻璃管的弯曲处，以防玻璃管断裂造成割伤。

　　④ 组装仪器时，应首先选定主要仪器的位置，再按顺序由下至上，从左到右依次连接并固定在铁架台上。例如，在安装蒸馏装置时，应首先根据热源高度来确定蒸馏烧瓶的位置，再装配其他仪器。要尽量使仪器的中心线都在一个平面内。

　　⑤ 固定仪器用的铁夹上应套有耐热橡皮管或贴有绒布，不能使铁器与玻璃仪器直接接触。铁夹的螺丝旋钮应尽可能位于铁夹的上边或右侧，以便于操作。夹持时，不应太松或太紧，加热的仪器，要夹住受热最低的部位，冷凝管应夹其中央部位。

　　⑥ 组装的仪器应正确、稳妥、严密、整齐、美观。

　　⑦ 拆除仪器装置时，应按与安装时相反的顺序进行。

## 第四节　萃取与洗涤

　　萃取与洗涤，是利用物质在不同溶剂中的溶解度不同来进行分离和提纯的一种操作。萃取和洗涤的原理相同，只是目的不同。如果从混合物中提取的是所需要的物质，这种操作称为萃取，如果是除去杂质，这种操作就称为洗涤。

## 一、液体物质的萃取（或洗涤）

液体物质的萃取（或洗涤）常在分液漏斗中进行。选择合适的溶剂可将产物从混合物中提取出来，也可用水洗去产物中所含的杂质。

### 1. 分液漏斗使用前的准备

将分液漏斗洗净后，取下旋塞，用滤纸吸干旋塞及旋塞孔道中的水分，在旋塞上微孔的两侧涂上薄薄一层凡士林，然后小心将其插入孔道并旋转几周，至凡士林分布均匀透明为止。在旋塞细端伸出部分的圆槽内，套上一个橡皮圈，以防操作时旋塞脱落。

关好旋塞，在分液漏斗中装上水，观察旋塞两端有无渗漏现象，再打开旋塞，看液体是否能通畅流下，然后，盖上顶塞，用手指抵住，倒置漏斗，检查其严密性。在确保分液漏斗旋塞关闭时严密、旋塞开启后畅通的情况下方可使用，使用前须关闭旋塞。

### 2. 萃取（或洗涤）操作

由分液漏斗上口倒入溶液与溶剂，盖好顶塞。为使分液漏斗中的两种液体充分接触，用右手握住顶塞部位，左手持旋塞部位（旋柄朝上），倾斜漏斗并振摇，以使两层液体充分接触（见图 2-9）。振摇几下后，应注意及时打开旋塞，排出因振荡而产生的气体。若漏斗中盛有挥发性的溶剂或用碳酸钠溶液中和酸液时，更应注意排放

图 2-9　萃取或洗涤操作

气体，以防产生的 $CO_2$ 气体冲开顶塞，漏失液体。反复振摇几次后，将分液漏斗放在铁圈中静置分层。

### 3. 两相液体的分离操作

当两层液体界面清晰后，便可进行分离液体的操作。先打开顶塞（或使顶塞的凹槽对准漏斗上口颈部的小孔），使漏斗与大气相通，再把分液漏斗下端靠在接收器的内壁上，然后缓慢旋开旋塞，放出下层液体（见图 2-10）。当液面间的界线接近旋塞处时，暂时关闭旋塞，将分液漏斗轻轻振摇一下，再静置片刻，使下层液聚集得多一些，然后打开旋塞，仔细放出下层液体。当液面间的界线移至旋塞孔的中心时，关闭旋塞。最后把漏斗中的上层液体从上口倒入另一个容器中。

通常，把分离出来的上下两层液体都保留到实验完毕，以便操作发生错误时，进行检查和补救。

分液漏斗使用完毕，用水洗净，擦去旋塞和孔道中的凡士林，在顶塞和旋塞处垫上纸条，以防久置粘牢。

## 二、固体物质的萃取

固体物质的萃取常在索氏提取器中进行。索氏提取器主要由圆底烧瓶、提取器和冷凝管三部分组成（见图 2-11）。

使用时，先在圆底烧瓶中装入溶剂（一般不宜超过其容积的 1/2），将固体样品研细后放入滤纸套筒内，封好上下口，置于提取器中。按图安装好装置后，对溶剂进行加热。溶剂

受热沸腾时，蒸气通过蒸气上升管进入冷凝管内，被冷凝为液体，滴入提取器中，浸泡固体并萃取出部分物质，当溶剂液面超过虹吸管的最高点时，即虹吸流回烧瓶。这样循环往复，利用溶剂回流和虹吸作用，使固体中可溶性物质富集到烧瓶中，然后再用适当方法除去溶剂，得到要提取的物质。

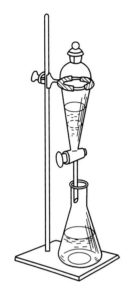

图 2-10　分离两相液体

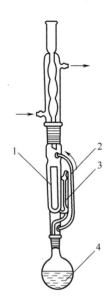

图 2-11　索氏提取器

1—素瓷套筒（或滤纸套筒，存放固体）；2—蒸气上升管；3—虹吸管；4—萃取用溶剂

### 想一想

某学生采用分液漏斗萃取所制备的液体有机物。在进行分离操作时，由于一时疏忽，倒掉了含有产品的液层，从而导致实验前功尽弃。为防止这种错误的发生，可以采取什么措施？

# 第五节　重结晶与过滤

重结晶与过滤是分离、提纯固体有机化合物时常用的操作技术。

## 一、重结晶

将固体有机物溶解在热的溶剂中，制成饱和溶液，再将溶液冷却、重新析出结晶的过程称为重结晶。重结晶的原理，就是利用有机物与杂质在某种溶剂中的溶解度不同而将它们分离开来。

### 1. 重结晶溶剂的选择

正确地选择溶剂，是重结晶的关键。根据"相似相溶"原理，极性物质应选择极性溶剂，非极性物质则应选择非极性溶剂。在此基础上，选择的溶剂还应符合下列条件。

① 不能与被提纯的物质发生化学反应。

② 在高温时，被提纯的物质在溶剂中的溶解度较大，而在低温时则很小（低温时溶解

度越小，产品回收率越高）。

③ 杂质在溶剂中的溶解度很小（当被提纯物溶解时，可将其过滤除去）或很大（当被提纯物析出结晶时，杂质仍留在母液中）。

④ 容易与被提纯物质分离。

当几种溶剂都适用时，就要综合考虑其毒性大小、价格高低、操作难易及易燃性能等因素来决定取舍。

重结晶所用的溶剂，一般可从实验资料中直接查找。若无现成资料时，可按下述方法通过试验来决定。

取几支试管，分别装入 0.1g 粗制品粉末，再用滴管分别加入 1mL 不同的溶剂，小心加热至接近沸腾（注意溶剂的可燃性），观察溶解情况。如果加热后完全溶解、冷却后析出的结晶量最多，那么这种溶剂就可认为是最适用的。如果加入 3mL 热溶剂，仍不能使固体全溶，或固体在 1mL 热溶剂中能溶解，而冷却后无结晶或析出结晶较少，则可认为这些溶剂不适用。

当使用单独溶剂效果不理想时，还可使用混合溶剂。混合溶剂一般由两种能互溶的溶剂组成。其中一种易溶解被提纯物，而另一种则较难溶解被提纯物。常用的混合溶剂有乙醇-水、丙酮-水、乙酸-水、乙醚-苯、乙醇-苯、石油醚-苯、石油醚-丙酮等。使用时，可根据具体情况进行选择。

### 2. 重结晶的操作程序

重结晶操作可按下列程序进行。

（1）热溶解　用选择的溶剂将被提纯的物质溶解，制成热的饱和溶液。

（2）脱色　如果溶液中含有带色杂质，可待溶液稍冷，加入适量活性炭，再煮沸 5～10min，利用活性炭的吸附作用除去有色物质。

（3）热过滤　将溶液趁热在保温漏斗中过滤，除去活性炭及其他不溶性杂质。

（4）结晶　将滤液充分冷却，使被提纯物呈结晶析出。

（5）抽滤　用减压过滤装置将晶体与母液分离，除去可溶性杂质。用冷溶剂淋洗滤饼两次，再抽干。

（6）干燥　滤饼经自然晾干或烘干，脱除少量溶剂，即得到精制品。

## 二、过滤

通过置于漏斗中的滤纸将晶体（或沉淀）与液体分离开的操作称为过滤。常用的过滤方法有普通过滤、保温过滤和减压过滤。可根据实验的不同需要进行选择。

### 1. 普通过滤

普通过滤一般在常温、常压下进行。通常使用 60°角的圆锥形玻璃漏斗。放进漏斗的滤纸，其边缘应比漏斗上口略低。过滤前，先把滤纸润湿，使其贴在漏斗壁上，然后沿玻璃棒倾入混合液，其液面应比滤纸边缘低约 1cm。漏斗径应靠在接收容器的内壁上。

### 2. 保温过滤

保温过滤又叫趁热过滤，常用于重结晶操作中。用普通玻璃漏斗过滤热的饱和溶液时，常常由于温度降低而在漏斗颈中或滤纸上析出结晶，不仅造成损失，而且使过滤发生困难。如果使用保温漏斗（又叫热水漏斗），就不会发生这种情况。

（1）保温漏斗的装配　将一支普通的短颈玻璃漏斗通过胶塞与带有侧管的金属夹套装配在一起，夹套中充注热水，侧管处加热（见图 2-12）。这样就可使玻璃漏斗维持较高温度，保证热溶液通过时不降温，顺利过滤。注意若溶剂为易燃性物质，过滤时侧管处应停止加热。

（2）扇形滤纸的折叠　热过滤时，为充分利用滤纸的有效面积，加快过滤速度，常使用扇形滤纸，其折叠方法如图 2-13 所示。

① 先将圆形滤纸对折成半圆，再对折成圆的 1/4，展开后得折痕 1～2、2～3 和 2～4 [见图 2-13(a)]；

② 以 1 对 4 折出 5，3 对 4 折出 6，1 对 6 折出 7，3 对 5 折出 8 [见图 2-13(b)]；

③ 以 3 对 6 折出 9，1 对 5 折出 10 [见图 2-13(c)]；

④ 在每两个折痕间向相反方向对折一次 [见图 2-13(d)]，展开后呈双层扇面形 [见图 2-13(e)]；

⑤ 拉开双层，在 1 和 3 处各向内折叠一个小折面 [见图 2-13(f)]，即可放入漏斗中使用。

注意，折叠时，折纹不要压至滤纸的中心处，以免多次压折造成磨损，过滤时容易破裂透滤。

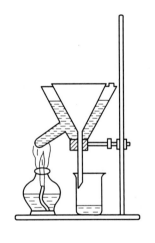

图 2-12　保温过滤

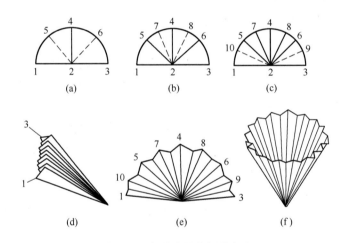

图 2-13　扇形滤纸的折叠方法

（3）保温过滤操作　在热过滤操作时，可分多次将溶液倒入漏斗中，每次不宜倒入过多（溶液在漏斗中停留时间长，易析出结晶），也不宜过少（溶液量少散热快，也易析出结晶）。未倒入的溶液应注意随时加热，保持较高温度，以便顺利过滤。

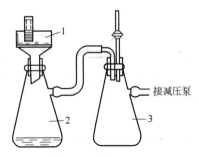

图 2-14　减压过滤装置

1—布氏漏斗；2—吸滤瓶；3—缓冲瓶

### 3. 减压过滤

（1）减压过滤装置　减压过滤装置由布氏漏斗、吸滤瓶、缓冲瓶和减压泵四部分组成（见图 2-14）。

减压过滤又叫抽气过滤（简称抽滤）。采用抽气过滤，既可缩短过滤时间，又能使结晶与母液分离完全，易于干燥处理。

（2）减压过滤操作 减压过滤前，需检查整套装置的严密性，布氏漏斗下端的斜口要正对着吸滤瓶的侧管，放入布氏漏斗中的滤纸，应剪成比漏斗内径略小一些的圆形，以能全部覆盖漏斗滤孔为宜。不能剪得比内径大，那样滤纸周边会起皱褶，抽滤时，晶体就会从皱褶的缝隙被抽入滤瓶，造成透滤。

抽滤时，先用同种溶剂将滤纸润湿，打开减压泵，将滤纸吸住，使其紧贴在布氏漏斗底面上，以防晶体从滤纸边沿被吸入瓶内。然后倾入待分离的混合物，要使其均匀地分布在滤纸面上。

母液抽干后，暂时停止抽气。用玻璃棒将晶体轻轻搅动松散（注意玻璃棒不可触及滤纸），加入少量冷溶剂浸润后，再抽干（可同时用玻璃塞在滤饼上挤压）。如此反复操作几次，即可将滤饼洗涤干净。

停止抽气时，应先打开缓冲瓶上的二通活塞（避免水倒吸），然后再关闭减压泵。

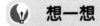 想一想

减压过滤时，若布氏漏斗中的滤纸裁剪过大或过小，会造成什么后果？

# 第六节 普通蒸馏

在常温下，将液体加热至沸腾，使其变为蒸气，然后再将蒸气冷凝为液体，收集到另一容器中，这两个过程的联合操作称为普通蒸馏。

## 一、普通蒸馏操作的意义

显然，通过蒸馏可将易挥发和难挥发的物质进行分离，也可将沸点不同的物质分离开来。因此，蒸馏是分离和提纯液体有机物最常用的方法。用普通蒸馏法分离的液体混合物，其沸点差在30℃以上时，分离的效果比较好。纯净的液体物质，在蒸馏时温度基本恒定，沸程很小，所以通过蒸馏，还可测定液体有机物的沸点或检验其纯度。

## 二、普通蒸馏装置

普通蒸馏装置如图2-15所示。主要包括汽化、冷凝和接收三部分。

汽化部分由圆底烧瓶、蒸馏头和温度计组成。液体在烧瓶内受热汽化后，其蒸气由蒸馏头侧管进入冷凝器中。圆底烧瓶的选择应以被蒸馏物占其容积的1/3～2/3为宜。

冷凝部分通常为直形冷凝管。蒸气进入冷凝管的内管时，被外层套管中的冷水冷凝为液体。当所蒸馏液体的沸点高于140℃时，就应改用空气冷凝管。

接收部分由接液管和接收器（常用圆底烧瓶或锥形瓶）组成。在冷凝管中被冷凝的液体经由接液管收集在接收器中。

安装普通蒸馏装置时，先以热源高度为基准，用铁夹将圆底烧瓶固定在铁架台上，再按由下而上，从左向右的顺序，依次安装蒸馏头、温度计、冷凝管、接液管和接收器。

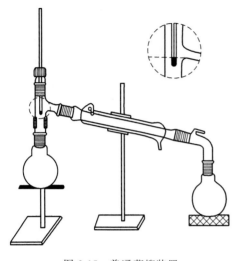

图 2-15　普通蒸馏装置

注意温度计的安装应使其汞球上端与蒸馏头侧管下沿相平齐（见图 2-15），以便蒸馏时，汞球部分可被蒸气完全包围，测得准确温度。冷凝管的下端侧口为进水口，通过橡胶管与水龙头连接，上端侧口为出水口，应朝上安装，以便使冷凝管内充满冷水，保证冷却效果。出水经橡胶管导入水槽。

如果蒸馏低沸、易燃或有毒物质时，可在接液管的支管上连接橡胶管，并将其引出室外或下水道内。

整套装置中，各仪器的轴线都应在同一平面内，铁架、铁夹及胶管等应尽可能安装在仪器背面，以方便操作。

### 三、普通蒸馏操作

检查装置的稳妥性后，便可按下列程序进行蒸馏操作。

（1）加入物料　将待蒸馏液体通过长颈玻璃漏斗由蒸馏头上口倾入圆底烧瓶中（注意漏斗颈应超过蒸馏头侧管的下沿，以防液体由侧管流入冷凝器中），投入几粒沸石（防止暴沸），再装好温度计。

（2）通冷却水　仔细检查各连接处的气密性及与大气相通处是否畅通（绝不能造成密闭体系！）后，打开水龙头开关，缓慢通入冷却水。

（3）加热蒸馏　选择适当的热源，先用小火加热（以防蒸馏烧瓶因局部骤热而炸裂），逐渐增大加热强度。当烧瓶内液体开始沸腾，其蒸气环到达温度计汞球部位时，温度计的读数就会急剧上升，这时应适当调小加热强度，使蒸气环包围汞球，汞球下部应始终挂有液珠，保持气-液两相平衡。此时温度计所显示的温度即为该液体的沸点。然后可适当调节加热强度，控制蒸馏速度，以每秒馏出 1～2 滴为宜。

（4）观测沸点、收集馏液　记下第一滴馏出液滴入接收器时的温度。如果所蒸馏的液体中含有低沸点的前馏分，则需在蒸馏温度趋于稳定后，更换接收器。记录所需要的馏分开始馏出和收集到最后一滴时的温度，这就是该馏分的沸程（也叫沸点范围）。纯液体的沸程一般在 1～2℃之内。

（5）停止蒸馏　当维持原来的加热温度，不再有馏液蒸出时，温度会突然下降，这时应停止蒸馏。即使杂质含量很少，也不要蒸干，以免烧瓶炸裂。

蒸馏结束时，应先停止加热，待稍冷后再停通冷却水。然后按照与装配时相反的顺序拆除蒸馏装置。

## 第七节　简单分馏

普通蒸馏主要用于分离沸点差较大的液体混合物。而对于沸点比较接近的液体混合物，常需采用分馏的方法，才能达到较好的分离效果。

## 一、分馏的原理及意义

分馏又叫精馏。实验室中，简单分馏是在分馏柱中进行的。液体混合物受热汽化后，进入分馏柱，在上升过程中，由于受到柱外空气的冷却作用，蒸气中的高沸点组分被不断冷凝流回，使继续上升的蒸气中低沸点组分的相对含量不断增加。同时冷凝液在回流的过程中，与上升的蒸气相遇，二者进行热量交换，使上升蒸气中的高沸点组分又被冷凝，而低沸点组分则继续上升。这样，在分馏柱内，反复进行着多次汽化、冷凝和回流的循环过程，相当于多次蒸馏。使最终上升到分馏柱顶部的蒸气接近于纯的低沸点组分，而流回受热容器中的液体则接近于纯的高沸点组分。从而达到分离目的。

分馏是分离和提纯沸点接近的液体混合物的重要方法。工业上采用的分馏设备称为精馏塔。目前，有些精馏塔可将沸点相差仅 1～2℃的液体混合物较好地分离开。

## 二、简单分馏装置与操作

### 1. 简单分馏装置

简单分馏装置如图 2-16 所示。此装置比普通蒸馏装置多一支分馏柱，分馏柱安装于圆底烧瓶与蒸馏头之间。

分馏柱的种类很多。实验室中常用的有填充式分馏柱和刺形分馏柱（见表 1-1）。填充式分馏柱内装有玻璃球、玻璃管或陶瓷等，可增加表面积，分馏效果好，适用于分离沸点差很小的液体混合物。刺形分馏柱（又称韦氏分馏柱）结构简单、黏附液体少，但分馏效果较填充式差些，适用于分离量较少且沸点差较大的液体混合物。

简单分馏装置的安装方法及要求与普通蒸馏装置基本相同。

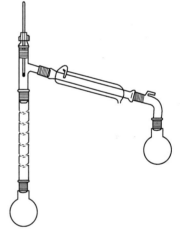

图 2-16　简单分馏装置

### 2. 简单分馏操作

简单分馏操作的程序与普通蒸馏大致相同。在圆底烧瓶中装入待分离的液体混合物（注意，不能从蒸馏头或分馏柱上口倒入！），加入沸石。可用石棉绳或玻璃布等保温材料包扎分馏柱体，以减少柱内热量散失，保持适宜的温度梯度，提高分馏效率。

选择合适的热浴进行加热，缓慢升温，使蒸气环 10～15min 后到达柱顶。调节浴温，控制分馏速度，以馏出液每 2～3s 一滴为宜。

待温度骤然下降时，说明低沸点组分已蒸完。此时可更换接收器，继续升温，按要求接收不同沸点范围的馏分。

分馏结束后，应量取并记录各段馏分及残液的体积。

💡 **想一想**

分离液体混合物，在什么情况下可采用普通蒸馏，什么情况下需用简单分馏？哪种方法分离效果更好些？

# 第八节　水蒸气蒸馏

将水蒸气通入有机物中，或将水与有机物一起加热，使有机物与水共沸而蒸馏出来的操作称为水蒸气蒸馏。

## 一、水蒸气蒸馏的原理及应用范围

两种互不相溶的液体混合物的蒸气压，等于两种液体单独存在时的蒸气压之和。当混合物的蒸气压等于大气压力时，就开始沸腾。显然，这一沸腾温度要比两种液体单独存在时的沸腾温度低。因此，在不溶于水的有机物中，通入水蒸气，进行水蒸气蒸馏，可在低于100℃的温度下，将物质蒸馏出来。

水蒸气蒸馏是分离和提纯有机化合物的重要方法之一。常用于下列情况。

① 在常压下蒸馏，有机物会发生氧化或分解。

② 混合物中含有焦油状物质，用通常的蒸馏或萃取等方法难以分离。

③ 液体产物被混合物中较大量的固体所吸附或要求除去挥发性杂质。

利用水蒸气蒸馏进行分离提纯的有机化合物必须是不溶于水、也不与水发生化学反应，在100℃左右具有一定蒸气压的物质。

## 二、水蒸气蒸馏装置

水蒸气蒸馏装置如图 2-17 所示。其中设有水蒸气发生器（见图 2-18）。

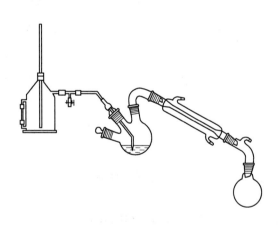

图 2-17　水蒸气蒸馏装置

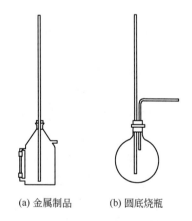

(a) 金属制品　　(b) 圆底烧瓶

图 2-18　水蒸气发生器

水蒸气发生器一般为金属制品，也可用 1000mL 圆底烧瓶代替（见图 2-18）。盛水量以不超过其容积的 2/3 为宜，其中插入一支接近底部的长玻璃管，作安全管用。当容器内压力增大时，水就沿安全管上升，从而调节内压。

水蒸气发生器的蒸气导出管经 T 形管与伸入三口烧瓶内的蒸气导入管连接。T 形管的支管套有一短橡胶管并配有螺旋夹。它的作用是可随时排出在此冷凝下来的积水，并可在系统内压力骤增或蒸馏结束时，释放蒸气，调节内压。

三口烧瓶内盛放待蒸馏的物料。伸入其中的蒸气导入管应尽量接近瓶底。三口烧瓶的一侧口通过蒸馏弯头依次连接冷凝管、接液管和接收器。另一侧口用塞子塞上。混合蒸气通过蒸馏弯头进入冷凝器中被冷凝，并经由接液管流入接收器中。

### 三、水蒸气蒸馏操作

水蒸气蒸馏的操作步骤如下。

（1）加料　将待蒸馏的物料加入三口烧瓶中，液体量不得超过其容积的 1/3。

（2）加热　检查整套装置气密性后，开通冷却水，打开 T 形管的螺旋夹，再开始加热水蒸气发生器，直至沸腾。

（3）蒸馏　当 T 形管处有较大量气体冲出时，立即旋紧螺旋夹，蒸气便进入烧瓶中。这时可看到瓶中的混合物不断翻腾，表明水蒸气蒸馏开始进行。适当调节蒸气量，控制馏出速度为每秒 2～3 滴。蒸馏过程中，若发现蒸气过多地在烧瓶内冷凝，可在烧瓶下面用石棉网适当加热。还应随时观察安全管内水位是否正常，烧瓶内液体有无倒吸现象。一旦发生这类情况，应立即打开螺旋夹，停止加热，查找原因，排除故障后，才能继续蒸馏。

（4）停止蒸馏　当馏出液无油珠并澄清透明时，便可停止蒸馏。先打开螺旋夹，解除系统内压力后，再停止加热，稍冷却后，再停通冷却水。

## 第九节　减压蒸馏

液体物质的沸点是随外界压力的降低而降低的。利用这一性质，降低系统压力，可使液体在低于正常沸点的温度下被蒸馏出来。这种在较低压力下进行的蒸馏称为减压蒸馏（又称真空蒸馏）。

### 一、减压蒸馏的适用范围

一般的有机化合物，当外界压力降至 2.7kPa 时，其沸点可比常压下降低 100～120℃。因此，减压蒸馏特别适用于分离和提纯那些沸点较高，稳定性较差，在常压下蒸馏容易发生氧化、分解或聚合的有机化合物。

### 二、减压蒸馏装置

减压蒸馏装置如图 2-19 所示。由蒸馏、减压、测压和保护等部分组成。

#### 1. 蒸馏部分

蒸馏部分与普通蒸馏装置相似，所不同的是需要使用克氏蒸馏头。将一根末端拉成毛细管的厚壁玻璃管由克氏蒸馏头的直管口插入烧瓶中，毛细管末端距瓶底 1～2mm。玻璃管的上端套上一段附有螺旋夹的橡胶管，用于调节空气进入量，在液体中形成沸腾中心，防止暴沸，使蒸馏能够平稳进行。温度计安装在克氏蒸馏头的侧管中，其位置要求与普通蒸馏相同。常用耐压的圆底烧瓶作接收器。当需要分段接收馏分而又不中断蒸馏时，可使用多尾接

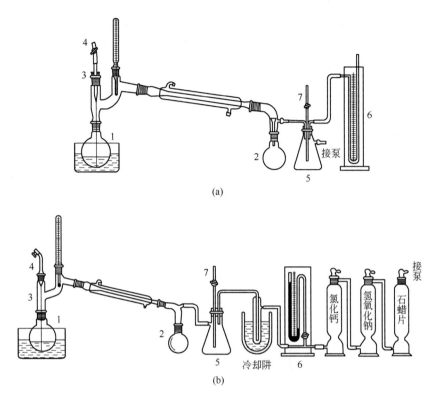

图 2-19　减压蒸馏装置

1—圆底烧瓶；2—接收器；3—克氏蒸馏头；4—毛细管；

5—安全瓶；6—压力计；7—三通活塞

液管。转动多尾接液管，可使不同馏分进入指定接收器中。

### 2. 减压部分

实验室中常用水泵或油泵对体系抽真空来进行减压。

水泵所能达到的最低压力为室温下水的蒸气压。例如在 25℃ 时为 3.16kPa，10℃ 时为 1.228kPa。这样的真空度已可满足一般减压蒸馏的需要。使用水泵的减压蒸馏装置较为简便 [见图 2-19(a)]。

使用油泵能达到较高的真空度（如性能好的油泵可使压力减至 0.13kPa 以下）。但油泵结构精密，使用条件严格。蒸馏时，挥发性的有机溶剂、水或酸雾等都会使其受到损坏。因此，使用油泵减压时，需设置防止有害物质侵入的保护系统，其装置较为复杂 [见图 2-19(b)]。

### 3. 测压、保护部分

测量减压系统的压力常用水银压力计。水银压力计分开口式和封闭式两种（见图 2-20）。

图 2-20(a) 为开口式压力计，其两臂汞柱高度之差，就是大气压力与系统中压力之差。因此蒸馏系统内的实际压力（真空度）等于大气压减去汞柱差值。这种压力计准确度较高，容易装汞，但操作不当，汞易冲出，安全性较差。

图 2-20(b) 为封闭式压力计，其两臂汞柱高度之差即为蒸馏系统内的真空度。这种压力计读数方便，操作安全，但有时会因空气等杂质混入而影响其准确性。

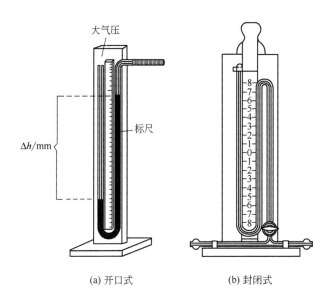

大气压

标尺

$\Delta h/\text{mm}$

(a) 开口式　　　　　　(b) 封闭式

图 2-20　水银压力计

　　使用不同的减压设备，其保护装置也不相同。利用水泵进行减压时，只需在接收器、水泵和压力计之间连接一个安全瓶（防止水倒吸），瓶上装配二通活塞，以供调节系统压力及放入空气解除系统真空用。

　　利用油泵减压时，则需在接收器、压力计和油泵之间依次连接安全瓶、冷却阱（置于盛有冷却剂的广口保温瓶中）及三个分别装有无水氯化钙、粒状氢氧化钠、片状石蜡的吸收塔，以冷却、吸收蒸馏系统产生的水汽、酸雾及有机溶剂等，防止其侵害油泵。

### 三、减压蒸馏操作

　　减压蒸馏的操作步骤如下。

　　（1）检查装置　蒸馏前，应首先检查装置的气密性。先旋紧毛细管上的螺旋夹，再开动减压泵，然后逐渐关闭安全瓶上的活塞，观察能否达到要求的压力。若达不到需要的真空度，应检查装置各连接部位是否漏气，必要时可在塞子、胶管等连接处进行蜡封。若超过所需的真空度，可小心旋转活塞，缓慢引入少量空气，加以调节。当确认系统压力符合要求后，慢慢旋开活塞，放入空气，直到内外压力平衡，再关减压泵。

　　（2）加入物料　将待蒸馏的液体加入圆底烧瓶中（液体量不得超过烧瓶容积的1/2）。关闭安全瓶上的活塞，开动减压泵，通过毛细管上的螺旋夹调节空气进入量，以使烧瓶内液体能冒出一连串小气泡为宜。

　　（3）加热蒸馏　当系统内压力符合要求并稳定后，开通冷却水，用适当热浴加热（一般浴液温度要高出蒸馏温度约20℃）。液体沸腾后，调节热源，控制馏出速度为每秒1～2滴。记录第一滴馏出液滴入接收器及蒸馏结束时的温度和压力。

　　（4）结束蒸馏　蒸馏完毕，先撤去热源，慢慢松开螺旋夹，再逐渐旋开安全瓶上的活塞，使压力计的汞柱缓慢恢复原状（若活塞开得太快，汞柱快速上升，有时会冲破压力计）。

待装置内外压力平衡后，关闭减压泵，停通冷却水，结束蒸馏。

# 第十节　升　华

有些固体物质具有较高的蒸气压。当对其进行加热时，可不经过液态直接变为气态，蒸气冷却后又直接凝结为固态，这个过程称为升华。

## 一、升华的意义及应用范围

升华是提纯固体有机物的一种重要方法。利用升华可以除去不挥发性杂质，还可分离不同挥发度的固体混合物，经过升华可以得到纯度较高的产品。但是只有具备下列条件的固体物质，才可以用升华的方法进行精制。

① 欲升华的固体在较低温度下具有较高的蒸气压。

② 固体与杂质的蒸气压差异较大。

可见，用升华法提纯固体有机物具有一定的局限性。此外，由于操作时间较长，损失也较大，通常仅用来提纯少量的固体物质。

## 二、升华装置及其操作

最简单的升华装置如图 2-21(a) 所示。由蒸发皿和玻璃漏斗组成。

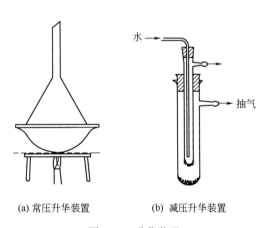

(a) 常压升华装置　　(b) 减压升华装置

图 2-21　升华装置

升华操作前，先将欲升华的固体物质干燥并研细，放入蒸发皿中。用一张刺满小孔的滤纸覆盖蒸发皿，滤纸上倒扣一个与蒸发皿口径相当的玻璃漏斗，漏斗颈部塞上一团疏松的棉花以防蒸气逸出。

为使物质受热均匀，可用沙浴缓慢加热，将温度控制在固体的熔点以下，使其慢慢升华。蒸气穿过小孔遇冷后凝为固体，黏附在滤纸或漏斗壁上。

升华结束后，用刮刀将产品从滤纸和漏斗壁上刮下，收集在干净的器皿中，即为纯净产品。

对于蒸气压较低或受热易分解的固体物质，可采用减压升华装置［见图 2-21(b)］。减压升华装置由吸滤管和直形冷凝管组成。欲升华物质放入吸滤管内，与减压泵连接。直形冷凝管内通冷却水。升华的物质遇冷凝结为固体后便吸附在冷凝管外壁的表面。

# 第十一节　熔点的测定

熔点是指固体物质在大气压力下，固液两相达到平衡时的温度。实际上，当固体物质被加热到一定温度时，就从固态转变为液态，此时的温度，即可认为是该物质的熔点。

## 一、测定熔点的意义

物质从开始熔化（初熔）到完全熔化（全熔）的温度范围称为熔程（又称熔点范围）。纯的有机化合物一般都有固定的熔点，熔程很小，仅为 $0.5 \sim 1 ℃$。如果含有杂质，熔点就会降低，熔程也将显著增大。大多数有机化合物的熔点都在 400℃ 以下，比较容易测定。因此，可以通过测定熔点来鉴别有机化合物和检验物质的纯度。还可通过测定纯度较高的有机化合物的熔点来进行温度计的校正。

在鉴定未知物时，如果测得其熔点与某已知物的熔点相同（或相近），并不能就此完全确认它们为同一化合物。因为有些不同的有机物却具有相同或相近的熔点，如尿素和肉桂酸的熔点都是 133℃。这时，可将二者混合，测该混合物的熔点，若熔点不变，则可认为是同一物质，否则，便是不同物质。

## 二、测定熔点的仪器装置

熔点的测定是将固体样品装在熔点管（一端熔封的毛细管）中，通过热浴间接加热进行的。测熔点用的热浴装置又叫熔点浴。常用的熔点浴及相应的熔点测定装置有以下两种。

### 1. 双浴式

双浴式熔点测定装置如图 2-22 所示。将试管通过一侧面开口的胶塞固定在 250mL 圆底烧瓶中距瓶底约 1.5cm 处，烧瓶内盛放浴液（用量约为其容积的 2/3）。将装好样品的熔点管用小橡胶圈固定在分度值为 0.1℃ 的测量温度计上，要使样品部分位于水银球中部。然后将温度计也通过一侧面开口的胶塞固定在试管中距管底约 1cm 处，试管中可加浴液，也可不加浴液（空气浴）。另将一辅助温度计用小橡胶圈固定在测量温度计的露茎部位。

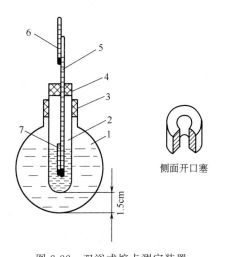

图 2-22　双浴式熔点测定装置

1—圆底烧瓶；2—试管；3,4—侧面开口塞；

5—测量温度计；6—辅助温度计；7—熔点管

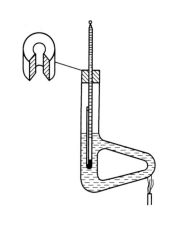

图 2-23　提勒管式熔点测定装置

这种双浴式熔点测定装置为国家标准中规定的熔点测定装置，主要用于权威性的鉴定。其特点是样品受热均匀，测量温度可进行露茎校正，精确度较高。

### 2. 提勒管式

提勒管式熔点测定装置如图 2-23 所示。提勒管又叫 b 形管。内盛浴液，液面高度以刚刚超过上侧管 1cm 为宜，加热部位为侧管顶端，这样可便于管内浴液较好地对流循环。附有熔点管的温度计（固定方法和部位与双浴式相同）通过侧面开口塞安装在提勒管中两侧管之间。

这种装置是目前实验室中较为广泛使用的熔点测定装置。其特点是操作简便，浴液用量少，节省测定时间。可用于一般的产品鉴定。

## 三、测定熔点的操作方法

无论采用哪种装置，测定熔点的操作方法基本上是相同的，现以提勒管式为例加以介绍。

（1）填装样品　取 0.1g 待测样品，放在洁净而干燥的表面皿中，用玻璃钉研成粉末后，聚成小堆。将熔点管的开口端向粉末堆中插几次，样品就会进入熔点管中。取一支长约 40cm 的玻璃管，垂直竖立在一块干净的表面皿上，将熔点管开口端向上，由玻璃管上口投入，使其自由落下，这样反复操作几次，样品就被紧密结实地填装在熔点管底部。

（2）安装仪器　将提勒管固定在铁架台上，装入浴液。然后按图 2-23 所示安装附有熔点管的温度计。注意温度计刻度值应置于塞子开口侧并朝向操作者。熔点管应附在温度计侧面而不能在正面或背面，以便于观察。

（3）加热测熔点　用酒精灯在提勒管侧管弯曲处的底部加热。开始时，升温速度可稍快些，大约每分钟上升 5℃。当距熔点约 10℃ 时，应将升温速度控制在每分钟上升 1～2℃，接近熔点时，还应更慢些（约 0.5℃/min）。此时应密切关注熔点管内的变化情况。当发现样品出现潮湿（或塌陷）时，表明固体开始熔化（初熔），记录初熔温度。当固体完全熔化，呈透明状态时，记录全熔温度。此两个温度值就是该化合物的熔程。例如，测得某化合物初熔温度为 52℃，全熔温度为 53℃，则该化合物的熔程（或熔点范围）为 52～53℃。

熔点的测定，至少要有两次重复的数据。每次测定，都必须重新更换熔点管，并将浴液冷却至低于样品熔点 10℃ 以下，方可重复操作。

用双浴式装置测定熔点时，要同时记录测量温度计及辅助温度计的示值，以便处理数据时，作露茎校正的计算。

## 四、温度计的校正

实验室中使用的温度计，大多为全浸式温度计。全浸式温度计的刻度是在汞线全部受热的情况下刻出来的。而使用温度计时，常常只是少部分汞线受热，大部分汞线则处于室温下，所以测得结果往往偏低。此外，有些温度计在制造时孔径不均匀、刻度不准确或经长期使用后玻璃变形等，都会造成温度计在测量时有误差。因此，在需要准确测量温度时，应对温度计进行校正，方法如下。

选用若干种已知熔点的纯有机物作标准样品，用待校正的温度计分别测定它们的熔点，记录所得熔点数据。以测得的熔点为纵坐标，以测得熔点与实际熔点的差值为横坐标，绘制校正曲线。在曲线中可查出测量温度的误差值。例如，用温度计测得某物质熔点为 100.2℃，在曲线中查得其误差值为 -1.3℃，则校正后的温度值为 101.5℃。

# * 第十二节 凝固点的测定

凝固点也叫结晶点,是液体物质在大气压力下,液-固两态达到平衡时的温度。

## 一、测定凝固点的意义

纯净物质的凝固点是常数,如果物质中含有杂质,其凝固点就会降低。因此可根据凝固点的测定数据,检验物质的纯度。

## 二、测定凝固点的仪器装置

测定凝固点的装置如图 2-24 所示。由一支带有套管的大试管、温度计和烧杯组成。烧杯用来盛装冷却浴液,可根据被测物质的凝固点不同选择不同的冷却浴。当凝固点在 0℃ 以上时,通常选用水-冰混合物做冷却浴;当凝固点在 −20～0℃ 时,可选用盐-冰混合物做冷却浴;当凝固点在 −20℃ 以下时,常用酒精-固体二氧化碳(干冰)混合物做冷却浴。

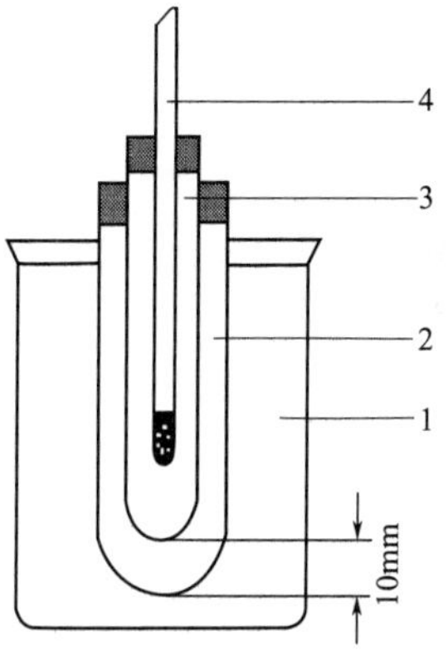

图 2-24 凝固点测定装置
1—冷却浴;2—套管;
3—试管;4—温度计

## 三、测定凝固点的操作方法

测定凝固点的操作程序如下。

(1)装入样品 若样品为液体,则量取 15mL,置于大试管中,直接进行测定。若样品为固体,则称取 20g 左右,置于大试管中。然后将试管放入适当的热浴中加热使其熔化,并使熔化后的液体继续升温 10℃ 以上。

(2)安装仪器 把配好塞子的温度计插入装有待测样品的大试管中,温度计水银球应浸入液面下。然后按图 2-24 所示安装实验装置。

(3)测定凝固点 仔细观察试管中液体及温度计示值的变化,当液体凝固、温度保持不变 1min 以上时,即为该物质的凝固点。

# 第十三节 沸点的测定

沸点是指液体的蒸气压与外界压力相等时的温度。纯净液体受热时,其蒸气压随温度升高而迅速增大,当达到与外界大气压力相等时,液体开始沸腾,此时的温度就是该液体物质的沸点。由于外界压力对物质的沸点影响很大,所以通常把液体在 101.325kPa 下测得的沸腾温度定义为该液体物质的沸点。

## 一、测定沸点的意义

在一定压力下,纯净液体物质的沸点是固定的,沸程较小(0.5～1℃)。如果含有杂质,沸点就会发生变化,沸程也会增大。所以,一般可通过测定沸点来检验液体有机物的纯度。但须注意，并非具有固定沸点的液体就一定是纯净物，因为有时某些共沸混合物也具有固定的沸点。

沸点是液体有机物的特性常数，在物质的分离、提纯和使用中具有重要意义。

## 二、测定沸点的仪器装置

测定沸点的装置如图 2-25 所示。将盛有待测液体的试管由三口烧瓶的中口放入瓶中距瓶底 2.5cm 处，用侧面开口胶塞将其固定住。烧瓶内盛放浴液，其液面应略高出试管中待测试样的液面。将一支分度值为 0.1℃的测量温度计通过侧面开口胶塞固定在试管中距试样液面约 2cm 处，测量温度计的露茎部分与一支辅助温度计用小橡胶圈套在一起。三口烧瓶的一侧口可放入一支测浴液的温度计，另一侧口用塞子塞上。

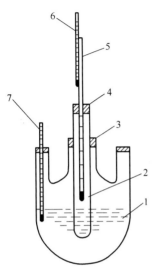

图 2-25 沸点测定装置
1—三口烧瓶；2—试管；3,4—胶塞；5—测量温度计；6—辅助温度计；7—温度计

这种装置是国家标准中规定的沸点测定装置，测得的沸点经温度、压力、纬度和露茎校正后，准确度较高，主要用于精密度要求较高的实验中。

实验室中，还经常采用蒸馏装置进行液体有机物沸点的测定，其操作方法见实验 2-4。

## 三、测定沸点的操作方法

用图 2-25 所示的装置测定沸点时，先将整套装置固定在铁架台上。装好浴液和待测试样后，用适当的热源进行加热，当试管中的试液开始沸腾，测量温度计的示值保持恒定时，即为该待测液体的沸点。记录测量温度计及辅助温度计示值、露茎高度、室温和大气压力。其数据经校正处理后，可得准确沸点。校正公式为：

$$t = t_1 + \Delta t_2 + \Delta t_3 + \Delta t_p$$
$$\Delta t_3 = 0.00016h(t_1 - t_4)$$
$$\Delta t_p = CV(1013.25 - p_0)$$
$$p_0 = p_t - \Delta p_1 + \Delta p_2$$

式中　　$t$——准确沸点值，℃；

$t_1$——沸点观测值（即测量温度计的读数），℃；

$\Delta t_2$——测量温度计本身的刻度校正值，℃；

$\Delta t_3$——测量温度计露茎校正值，℃；

$\Delta t_p$——沸点随气压变化校正值，℃；

$t_4$——测量温度计露茎部分的平均温度（即辅助温度计的读数），℃；

$h$——测量温度计露茎部分的汞柱高度（以温度计的刻度数值表示）；

$CV$——沸点随气压的变化率，可查表得到；

$p_0$——0℃时的气压，Pa；

$p_t$——室温时的气压，hPa；

$\Delta p_1$——室温换算到 0℃时的气压校正值，可查表得到；

$\Delta p_2$——纬度重力校正值，可查表得到；

$0.00016$——水银对玻璃的膨胀系数。

# * 第十四节 闪点的测定

在规定的条件下，加热石油产品的试样，当达到某温度时，试样的蒸气和周围空气的混合气，一旦与火焰接触，即发生闪燃现象，发生闪燃时试样的最低温度，称为闪点。

## 一、测定闪点的意义

闪点是可燃性液体贮存、运输和使用的一个安全指标，也是可燃性液体的挥发性指标。闪点低的可燃性液体，挥发性高，容易着火，安全性较差。测定闪点，能为可燃性液体生产、贮存以及火灾危险性的分类等提供重要依据。

## 二、测定闪点的装置

测定闪点的仪器分为开口闪点测定仪和闭口闪点测定仪。目前使用的大多是按照国家标准测定方法的规定设计制作的全自动测定仪。由电脑控制测定全过程。仪器自动升温控制，自动点火扫划，自动检测闪点锁定并打印结果、自动关闭气源。

## 三、测定闪点的方法

### 1. 开口闪点的测定方法

用开口闪点测定仪所测得的结果称开口闪点，以℃表示，常用于测定润滑油。按 GB/T 267—88 标准方法测开口闪点时，将试样装入内坩埚至规定的刻度线。首先迅速升高试样温度，然后缓慢升温，当接近闪点时，恒速升温，在规定的温度间隔，用一个小的点火器火焰按规定速度通过试样表面，以点火器的火焰使试样表面上的蒸气发生闪火的最低温度，作为开口闪点。

### 2. 闭口闪点的测定方法

用闭口闪点测定仪所测得的结果称为闭口闪点，以℃表示。常用于测定煤油、柴油、变压器油等。

测闭口闪点时，将样品倒入试验杯中，在规定的速率下连续搅拌，并以恒定速率加热样品。以规定的温度间隔，在中断搅拌的情况下，将火源引入试验杯开口处，使样品蒸气发生瞬间闪火，且蔓延至液体表面的最低温度，作为闭口闪点。

# * 第十五节 折射率的测定

当单色光从一种介质射向另一介质时，光的速度发生变化，光的传播方向也会发生变化，这种现象称为光的折射现象，如图 2-26 所示。$\alpha$ 为入射角，$\beta$ 为折射角。光的入射角和折射角的正弦比称为折射率，常用 $n$ 表示。

$$n = \frac{\sin\alpha}{\sin\beta}$$

若温度一定，对两种固定的介质而言，$n$ 是一个常数，它是物质的重要物理参数之一。

## 一、测定折射率的意义

通过折射率的测定，可以了解物质的组成、纯度及结构等。由于测定折射率所需样品量

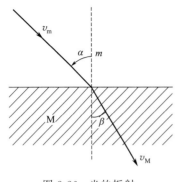

图 2-26　光的折射

少、测量精度高、重现性好，常用来定性鉴定液体物质或其纯度以及定量分析溶液的组成等。

一般文献中记录的物质折射率数据是 20 ℃时，以钠灯为光源（D 线）测定出来的，用 $n_D^{20}$ 表示。

## 二、测定折射率的仪器及其工作原理

液体的折射率一般用阿贝折射仪进行测定。阿贝折射仪如图 2-27 所示，它是测定液体折射率最常用的仪器。

阿贝折射仪主要组成部分是两块可以闭合的直角棱镜，上面一块是光滑的，为测量棱镜，下面一块是磨砂的，为辅助棱镜，两棱镜间可铺展薄层液体。仪器上有两个目镜，左侧的为读数望远镜，右侧的为测量望远镜，用来观察折光情况。仪器下部有一块反射镜，光线由反射镜反射入下面的棱镜，在磨砂面上发生漫射，以不同入射角射入两个棱镜之间的液层，然后再折射到上面的棱镜。在此，一部分光线可以再经折射进入空气而到达测量望远镜，另一部分光线则发生全反射。这样，在测量望远镜的目镜视场中将出现明暗两个区域。

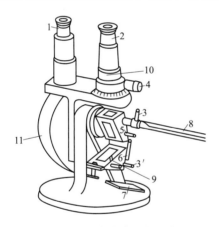

图 2-27　阿贝折射仪结构示意图

1—读数目镜；2—测量目镜；3,3′—循环恒温水龙头；
4—消色散旋柄；5—测量棱镜；6—辅助棱镜；7—平面反射镜；
8—温度计；9—加液槽；10—校正螺丝；11—刻度盘罩

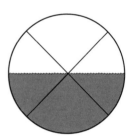

图 2-28　阿贝折射仪
目镜视野图

调节测量望远镜中的视场如图 2-28 所示发生变化，当分界线与交叉点相切时，可以从读数镜中直接读出折射率。阿贝折射仪中设有消除色散装置，因此可用钠光灯作为光源，也可直接使用日光。其测得的数据与钠光 D 线所测得的一样。

## 三、测定折射率的操作方法

使用阿贝折射仪测定液体折射率方法如下：

（1）安装　将折射仪置于光线明亮处（但应避免阳光直射或靠近热源），用橡胶管将测量棱镜和辅助棱镜上保温夹套的进出水口与超级恒温槽连接起来，调到测定所需的温度，一般选用（20 ±0.1）℃或（25 ± 0.1）℃。温度以折射仪上的温度计读数为准。

（2）清洗　开启辅助棱镜，用滴管滴加少量丙酮或乙醇清洗镜面（勿使尖管碰触镜面），可用擦镜纸轻轻吸干镜面（不能过分用力，更不能使用滤纸）。

（3）校正　滴加 1～2 滴蒸馏水于镜面上，关紧棱镜，转动左侧刻度盘，使读数镜内标尺读数置于蒸馏水在该温度下的折射率。调节反射镜，使测量望远镜中的视场最亮。调节测量镜，使视场最清晰。转动消色散手柄，消除色散。调节校正螺丝，使明暗交界线和视场中的"×"形线交点对齐，即校正完毕。

（4）测量　打开辅助镜，待镜面干燥后，滴加数滴待测液体，闭合棱镜（应注意防止待测液层中存在有气泡；若为易挥发液体，可用滴管从加液槽加样），转动刻度盘罩外手柄，直至在测量望远镜中观测到的视场出现半明半暗视野（应为上明下暗）。转动消色散手柄，使视场内呈现一个清晰的明暗分界线，消除色散。再次转动刻度盘罩外手柄，使临界线正好在×线交点上，这时便可从读数镜中读出折射率值。一般应重复测定 2～3 次，读数差值不能超过 ±0.0002，然后取平均值。

（5）维护　折射仪使用完毕，应将棱镜用丙酮或乙醇清洗，并干燥。拆下连接恒温水的胶管，排尽夹套中的水，将仪器擦拭干净，放入仪器盒中，置于干燥处。

# * 第十六节　旋光度的测定

一般光源发出的光，其光波在垂直于传播方向的一切方向上振动，这种光称为自然光；当光通过一种特制的尼科尔（Nicol）棱镜（由冰洲石制成，其作用就像一个光栅）时，只有与棱镜晶轴平行的平面上振动的光可以通过，这种只在一个方向上振动的光称为平面偏振光，简称偏振光，如图 2-29 所示。

(a) 自然光　　(b) 偏振光

图 2-29　自然光和偏振光

当偏振光通过具有旋光性的物质时，会使其振动平面发生一定角度的旋转。旋光物质使偏振光振动面旋转的角度称为旋光度，通常用符号 $\alpha$ 表示。

## 一、测定旋光度的意义

物质的旋光度并不是一个常数，它不仅与物质的结构有关，并且与测定条件有关。为了比较不同物质的旋光性，人们定义了比旋光度的概念，规定当旋光管的长度为 1dm，溶液的浓度为 1g/mL 时测得的旋光度称为比旋光度，用符号 $[\alpha]$ 表示：

$$[\alpha]_\lambda^t = \frac{\alpha \times 100}{lc} \tag{2-1}$$

纯液体的比旋光度为：

$$[\alpha]_\lambda^t = \frac{\alpha}{l\rho} \tag{2-2}$$

式中　$[\alpha]$——比旋光度，（°）；

　　　$t$——测定时的温度，℃；

　　　$\lambda$——光源的波长，通常用钠光 D 线，标记为 D，nm；

　　　$l$——旋光管的长度，dm；

$c$——溶液浓度，g/100mL；

$\rho$——液体在测定温度下的密度，g/mL。

比旋光度是物质的特性常数之一。通过旋光仪测定旋光度，然后依式（2-1）或式（2-2）计算，可以确定旋光性物质的纯度或溶液的浓度，也可以进行化合物的定性鉴定。

## 二、测定旋光度的仪器及其工作原理

测定旋光度的仪器称为旋光仪，其基本结构如图 2-30 所示，其主要部件为起偏镜和检偏镜。

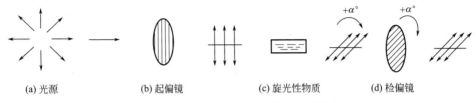

(a) 光源　　(b) 起偏镜　　(c) 旋光性物质　　(d) 检偏镜

图 2-30　测定旋光度的原理示意图

起偏镜，又称为第一尼科尔棱镜，其作用是将各向振动的可见光变成偏振光，即用于产生平面偏振光。检偏镜，又称为第二尼科尔棱镜，用来测定偏振光的旋转角度，它随着刻度盘一起转动。

当两块尼科尔棱镜的晶轴互相平行时，偏振光可以全部通过；当在两块棱镜之间的旋光管中放入旋光性物质的溶液时，由于旋光性物质使偏振光的振动平面旋转了一定角度，所以偏振光就不能完全通过第二块棱镜（即检偏镜）。只有将检偏镜也相应地旋转一定角度后，才能使偏振光全部通过。此时，检偏镜旋转的角度就是该旋光性物质的旋光度。如果旋转方向是顺时针，称为右旋，$\alpha$ 取正值；反之称为左旋，$\alpha$ 取负值。

为了减少误差，提高观测的准确性，在起偏镜后放置一块狭长的石英片，使目镜中能观察到三分视场，如图 2-31 所示。

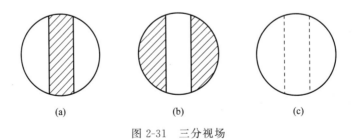

(a)　　　　　　(b)　　　　　　(c)

图 2-31　三分视场

图 2-31（a）所示视场，中间暗，两边亮；图 2-31（b）所示视场，中间亮，两边暗；图 2-31（c）所示视场，明暗度相同，三分视场消失，选择这一视场作为仪器的测量零点，在测定旋光度读数时均以它为标准。

旋光仪的读数系统包括刻度盘和放大镜。其采用双游标读数，以消除刻度盘偏心差。刻度盘分为 360 格，每格 1°，游标分为 20 格，每格等于刻度盘 19 格，用游标直接读数到 0.05°。

## 三、测量旋光度的方法

（1）仪器预热　先接通电源，开启旋光仪上的电源开关，预热 5 min。使钠光灯发光强度稳定。

（2）零点校正 将旋光管用蒸馏水冲洗干净，再装满蒸馏水，旋紧螺帽，擦干外壁的水分后，放入旋光仪中。转动刻度盘，使目镜中三分视场界线消失，观察刻度盘的读数是否在零点处，若不在零点，说明仪器存在零点误差，需测量三次，取平均值作为零点校正值。

（3）样品测定 取出旋光管，倒出蒸馏水，用待测溶液洗涤 2～3 次。在旋光管中装满该待测溶液，擦干外壁后放入仪器中。转动刻度盘，使目镜中三分视场消失（与零点校正时相同），记录此时刻度盘的读数，加上（或减去）校正值即为该溶液的旋光度。

（4）结束测定 全部测定结束后，取出旋光管，倒出溶液，洗净备用。关闭旋光仪。

**【思考题】**

1. 实验室常用的加热方式有几种？各类热浴适用的温度范围如何？
2. 用水银温度计测试干冰-乙醇冷却剂的温度可以吗？为什么？
3. 常用的过滤方法有哪些？各适用于什么情况？
4. 干燥液体物质时，对干燥剂的选择有哪些要求？
5. 用于重结晶的溶剂应具有哪些条件？
6. 蒸馏和分馏在原理、装置以及操作上有哪些不同？
7. 利用水蒸气蒸馏分离、提纯的化合物必须具备什么条件？
8. 物质的沸点与外界压力有什么关系？一般在什么条件下采用减压蒸馏？

## 小资料

### 超临界流体萃取技术

当今，随着人们生活水平的不断提高，对天然产物、"绿色食品"的关注和需求也在不断增加。然而，传统的天然产物分离加工中的压榨、水蒸气蒸馏和溶剂萃取等工艺手段往往会造成天然产物中某些热敏性或化学不稳定性成分在加工过程中被破坏，改变了天然食品的独特"风味"和营养。同时，加工过程溶剂残留的污染也是不可避免的，因而人们一直在寻找新的天然产物加工工艺。

超临界流体萃取技术是近 20 年来国际上取得迅速发展的萃取分离高新技术。在食品、香料、药物和化工等领域有着广泛的应用前景。

物质处于临界温度（$T_c$）和临界压力（$p_c$）以上状态时，向该状态气体加压，气体不会液化，只是密度增大，具有类似液态性质，同时还保留气体性能，这种状态的流体称为超临界流体（supercritical fluid，SCF）。超临界流体具有某些特殊性质，例如既有液体对溶质溶解的能力，又有气体易于扩散和流动的特性，传质速率大大高于液相过程。更重要的是在临界点附近，温度或压力微小的改变都会引起流体密度很大的变化，并相应地表现为溶解度的变化。因此，人们可以利用温度、压力的变化来实现萃取和分离的过程。

目前较为常用的超临界流体为 $CO_2$。超临界 $CO_2$ 具有密度大、溶解能力强、传质速率高、临界温度和压力适中，使分离过程可在接近室温条件下进行，且便宜易得，无毒，惰性并容易从萃取产物中分离出来等一系列优点，因而受到人们的关注。

超临界流体技术具有广泛的适用性，近年来这一技术正在迅速向萃取分离以外的领域发展。成为包括萃取分离、材料制备、化学反应和环境保护等多项领域的综合技术。

在我国，超临界流体 $CO_2$ 萃取技术历经引进、改进和完善等阶段，已逐步走向工业化。

# 实验 2-1　玻璃管的简单加工及洗瓶的装配

## 【目的要求】

1. 掌握玻璃管的切割、弯曲和拉伸等操作技术；
2. 学会酒精喷灯或煤气灯的使用方法；
3. 掌握塞子钻孔及洗瓶的装配方法。

## 【实验用品】

玻璃管　橡胶塞　钻孔器　塑料瓶　锉刀　砂片　石棉网　酒精喷灯（或煤气灯）

## 【实验步骤】

### 1. 玻璃管的切割

按第三节中"玻璃管（棒）的切割"所述方法，截取 20cm 长的厚壁玻璃管 2 支、30cm 长的厚壁玻璃管 3 支、20cm 长的薄壁玻璃管 4 支，并熔光断面。

### 2. 弯制玻璃弯管

按第三节中"玻璃管的弯制"所述方法，用 20cm 长的厚壁玻璃管弯制 75°、90°弯管各 1 支。

### 3. 拉制尾管

按第三节中"拉制尾管"所述方法，用 30cm 长的厚壁玻璃管按图 2-32 要求的规格拉制尾管 2 支，并制成滴管。

### 4. 制作洗瓶弯管

用 30cm 长的厚壁玻璃管，先拉出尖嘴后，再按图 2-33 所要求的规格弯制成洗瓶弯管。

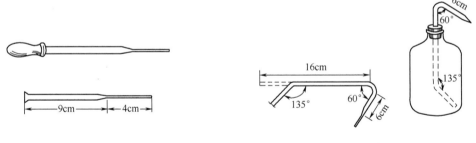

图 2-32　滴管的规格　　　　　　图 2-33　洗瓶弯管的规格

### 5. 拉制毛细管

按第三节中"拉制毛细管"所述方法，用 20cm 长的薄壁玻璃管拉制成长 15cm、直径 1~1.2mm、两端熔封的毛细管 10 支，装在洁净、干燥的试管中。

### 6. 洗瓶的装配

按第三节中"塞子的钻孔"所述方法对橡胶塞钻孔后，将洗瓶弯管的粗口端蘸上少许水，旋转插入孔道，注意在玻璃管弯点尤其要小心缓慢旋进，以防折断弯管。

## 【实验指南与安全提示】

1. 切割玻璃前，应检查锉刀是否锋利，因为只有锋利的锉刀和正确的操作才能使锉痕细、深、直、长，便于折断。

2. 制成的毛细管壁非常薄，只需用砂片轻轻划一下，便可折断。若稍用力就可能使毛细管破碎并造成割伤。

3. 用酒精喷灯（或煤气灯）时，应注意下列情况。

（1）火雨　由于灯体预热程度不够，酒精在灯管内没有汽化，点燃时便会以液态喷射而出，形成"火雨"，此时应关闭开关，重新预热后再点燃。

（2）凌空火焰　当酒精蒸气（或煤气）量和空气量均过大时，会在燃烧的火焰与灯管之间形成隔段，产生"凌空火焰"，此时应将开关调小一些。

（3）侵入火焰　当酒精蒸气（或煤气）量较小而空气量较大时，就会发生火焰在灯管内燃烧的现象，即"侵入火焰"，此时应调节空气量并适当加大酒精（或煤气）进入量。

4. 注意：截断后的玻璃管应及时熔光，以防割伤皮肤！加热后的玻璃制品应与未加工的冷玻璃管分开放置，以防误拿造成烫伤！

【思考题】

1. 切割玻璃管时，怎样才能使断口整齐？

2. 弯曲或拉伸玻璃管时，其加热软化的程度有什么不同？

3. 玻璃管在置于氧化焰中加热之前，要先进行预热，加工之后要进行退火，这样做的目的是什么？

4. 加工好的玻璃制品，立即与冷的物体接触，会有什么后果？

5. 塞子钻孔和装配洗瓶时，应注意哪些操作？

【预习指导】

实验前，请认真预习第三节"玻璃管的简单加工与仪器的装配"中有关内容及本实验中"附：酒精喷灯或煤气灯的使用方法"，并思考下列问题：

使用酒精喷灯（或煤气灯）时，若产生"火雨""凌空火焰"或"侵入火焰"，是什么原因造成的？应如何进行调整？

　　附：酒精喷灯或煤气灯的使用方法

### 1. 酒精喷灯的使用方法

酒精喷灯有座式和挂式两种（见图 2-34 和图 2-35），其中挂式喷灯的用法如下。

（1）装酒精　在酒精贮罐中，用漏斗加入 2/3 容积的酒精。

（2）排空气　手持酒精贮罐，低于灯座后打开开关，缓慢地将贮罐上提，赶出胶管中的空气，当灯管的喷嘴中有酒精溢出时，关闭开关，将贮罐挂在高处。

（3）预热　开启开关，酒精从喷口溢出，流入预热盆，待将要流满时，关闭开关，点燃预热盆中的酒精进行预热。

（4）点燃　当预热盆中的酒精接近燃完时，开启开关，一般可自行喷出火焰。如果只有气体而无火焰时，可用火柴点燃。

（5）调节　调节灯上开关的螺旋，可控制火焰的大小。

（6）熄灭　用毕，向右旋紧螺丝，即可使灯焰熄灭。

座式喷灯的使用方法与挂式喷灯大体相同。

### 2. 煤气灯的使用方法

煤气灯的构造如图 2-36 所示。

使用时，将空气入口关闭，先划着火柴，再打开煤气开关并将灯点燃。然后打开空气开关，逐渐调节空气进入量，直至灯焰分为三层为止。用毕关上煤气开关即可。

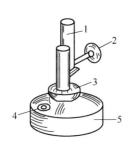

图 2-34　座式喷灯
1—灯管；2—空气调节器；
3—预热盆；4—铜帽；
5—酒精壶

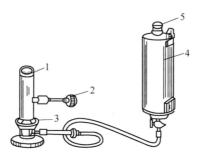

图 2-35　挂式喷灯
1—灯管；2—空气调节器；
3—预热盆；4—酒精
贮罐；5—盖子

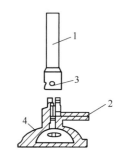

图 2-36　煤气灯的构造
1—灯管；2—煤气入口；
3—空气入口；4—螺
旋形针阀

# 实验 2-2　用重结晶法提纯苯甲酸

## 【目的要求】

1. 了解利用重结晶提纯固体有机物的原理和方法；

2. 初步掌握溶解、加热、保温过滤和减压过滤等基本操作。

## 【实验原理】

苯甲酸俗称安息香酸，白色晶体（粗苯甲酸因含杂质而呈微黄色），熔点 122℃，是分子中含有极性基团的有机化合物。本实验利用它在水中的溶解度随温度变化差异较大的特点（如 18℃时为 0.27g，100℃时为 5.7g），将粗苯甲酸溶于沸水中并加活性炭脱色，不溶性杂质与活性炭在热过滤时除去，可溶性杂质在冷却后，苯甲酸析出结晶时留在母液中，从而达到提纯目的。

## 【实验用品】

苯甲酸（粗品）　蒸馏水　活性炭

烧杯（200mL）　锥形瓶（250mL）　保温漏斗　减压过滤装置　表面皿　玻璃塞　托盘天平　铁架台　石棉网　酒精灯　滤纸

## 【实验步骤】

### 1. 热溶解

于托盘天平上称取 2g 苯甲酸粗品，放在 250mL 锥形瓶中，加入 60mL 蒸馏水。在石棉网上加热至微沸，并不断搅拌使苯甲酸完全溶解。如不能全溶可补加适量水[1]。

### 2. 脱色

将溶液离开热源，加入 5mL 冷水[2]，再加入 0.1g 活性炭，稍加搅拌后，继续煮沸 5min。

### 3. 热过滤

将保温漏斗固定在铁架台上，夹套中充注热水，并在侧管处用酒精灯加热。将折叠好的扇形滤纸放入漏斗中，当夹套中的水接近沸腾（发出响声）时，迅速将混合液倾入漏斗中趁热过滤。滤液用洁净的烧杯接收。待所有溶液过滤完毕后，用少量热水洗涤锥形瓶和滤纸。

### 4．结晶

所得滤液在室温下静置。冷却 10min 后，再于冰-水浴中冷却 15min，以使结晶完全。

### 5．抽滤

待结晶析出完全后，减压过滤，用玻璃塞挤压晶体，尽量将母液抽干。暂时停止抽气，用 10mL 冷水分两次洗涤晶体，并重新压紧抽干。

### 6．干燥

将晶体转移至表面皿上，摊开呈薄层，自然晾干或于 100℃ 以下烘干。

### 7．称量

干燥后，称量质量并计算收率。产品留作测熔点（见实验 2-3）用。

---

 **拓展实验**

在完成上述实验后，一起来做一个有关重结晶条件的探索性试验吧！

每三人为一组，分别按下列实验条件对 1g 苯甲酸粗品用去离子水进行重结晶。

1．在过量水（100mL）中重结晶；

2．在少量水（20mL）中重结晶；

3．在 30mL 水中重结晶，但在冷却至室温前，迅速浸入冰浴中，使其快速析出结晶。

滤集产品，烘干、称量、计算收率，留作测熔点。

---

**【注释】**

［1］若未溶解的是不溶性杂质，可不必补加水。

［2］此时加入冷水，可降低溶液温度，便于加入活性炭，又可补充煮沸时蒸发的溶剂，防止热过滤时结晶在滤纸上析出。

**【实验指南与安全提示】**

1．注意：不可向正在加热的溶液中投入活性炭，以防引起暴沸！

2．热过滤时，不要将溶液一次全倒入漏斗中，可分几次加入。此时，锥形瓶中剩下的溶液应继续加热，以防降温后析出结晶。

3．热过滤的准备工作应事先做好。向保温漏斗的夹套中注水时，应用干布垫手扶持，小心操作，以防烫伤。

**【思考题】**

1．为什么可用水作溶剂，对苯甲酸进行重结晶提纯？

2．重结晶时，为什么要加入稍过量的溶剂？

3．热过滤时，若保温漏斗夹套中的水温不够高，会有什么后果？

4．若布氏漏斗中的滤纸裁剪不当，对实验会有什么影响？

5．减压过滤时，若不停止抽气进行洗涤可以吗？为什么？

**【预习指导】**

做本实验前，请认真阅读本章第五节"重结晶与过滤"中的内容，并通过查阅有关资料了解苯甲酸的物理性质。

## 实验 2-3　固体熔点的测定

**【目的要求】**

1．了解熔点测定的意义；

2.掌握毛细管法测定固体熔点的操作方法；

3.熟悉温度计校正的意义和方法。

## 【实验用品】

萘 苯甲酸 甘油 未知物（可用尿素、肉桂酸、α-萘酚、乙酰苯胺等）

提勒管 熔点管 温度计（200℃） 玻璃管（40cm） 表面皿 玻璃钉 酒精灯 石棉网 铁架台

## 【实验步骤】

### 1.测定萘的熔点

（1）熔点管的制备 取实验 2-1 中拉制并熔封两端的毛细管，用砂片从中间划一下，并轻轻折断，即制得两支熔点管。

（2）填装样品 取 0.1g 萘，在洁净干燥的表面皿上，用玻璃钉仔细研磨成粉末状后聚成一小堆。按第十一节中"填装样品"所述方法填装两支熔点管，填装样品高度为 2～3mm。

（3）安装仪器 将提勒管固定在铁架台上，高度以酒精灯火焰可对侧管处加热为准。在提勒管中装入甘油，液面与上侧管平齐即可[1]。按第十一节中"双浴式"所述方法将附有熔点管的温度计安装在提勒管中两侧管之间[2]。

（4）加热测熔点 用酒精灯在侧管底部加热。当温度升至近 70℃时，移动酒精灯，使升温速度减慢至约 1℃/min，当接近 80℃时，将酒精灯移至侧管边缘上缓慢加热，使温度上升更慢些。注意观察熔点管中样品的变化，记录初熔和全熔的温度。样品全熔后，撤离并熄灭酒精灯。待温度下降 10℃以上后，取出温度计，将熔点管弃去[3]，换上另一支盛有样品的熔点管，重复测定一次。

### 2.测定苯甲酸的熔点

取实验 2-2 中精制的苯甲酸 0.1g，在洁净干燥的表面皿上研细后，填装两支熔点管，用与测定萘相同的方法测其熔点。记录结果，并据此检验自制苯甲酸的纯度。

### 3.测定未知样品的熔点

向教师领取未知样一份，在洁净干燥的表面皿上研细后，填装三支熔点管。用与测定萘和苯甲酸相同的方法测其熔点。其中第一次可较快升温，粗测一次，得到粗略熔点后，再精测两次。

根据所测熔点，推测可能的化合物，并向教师索取该化合物。测定此化合物熔点，若与未知样熔点相同，再将其与未知样混合并测定混合物熔点，以确认测定结果。

### 拓展实验

按照实验步骤（2）的方法，依次测定"重结晶条件试验"中所精制的 3 个苯甲酸样品的熔点，并对实验结果加以对比分析和总结。

## 【注释】

[1] 甘油黏度较大，挂在壁上的甘油流下后就可使液面超过侧管。另外，加热后，其热膨胀也会使液面增高。

[2] 由于两侧管内浴液的对流循环作用，使提勒管中部温度变化较稳定，熔点管在此位置受热较均匀。

[3] 已测定过熔点的样品，经冷却后，虽然固化，但也不能再用做第二次测定。因为有些物质受热后，会发生部分分解，还有些物质会转变成不同熔点的其他结晶形式。

**【实验指南与安全提示】**

1. 样品的研磨越细越好，否则装入熔点管时有空隙，会使熔程增大，影响测定结果。

2. 固定熔点管的橡胶圈不可浸没在溶液中，以免被溶液溶胀而使熔点管脱落。

3. 注意：测定结束后，温度计需冷却至接近室温后方可洗涤；浴液也应冷至室温后再倒回试剂瓶中。否则将可能造成温度计或试剂瓶炸裂！

**【思考题】**

1. 测定熔点时，为什么要用热浴间接加热？

2. 为什么说通过测定熔点可检验有机物的纯度？

3. 如果测得一未知物的熔点与某已知物的熔点相同，是否可就此确认它们为同一化合物？为什么？

**【预习指导】**

做实验前，请认真预习第十一节"熔点的测定"中有关内容，并回答问题：测定熔点时如遇下列情况，会产生什么后果？

1. 熔点管不洁净

2. 样品不干燥

3. 样品研的不细或填装不实

4. 加热速度太快

# 实验 2-4　液体沸点的测定及混合物的分离

**【目的要求】**

1. 熟悉利用蒸馏法测定沸点的原理与操作；

2. 初步掌握蒸馏与分馏装置的安装与操作；

3. 比较利用蒸馏与分馏分离液体混合物的效果。

**【实验用品】**

丙酮　沸石

圆底烧瓶（100mL）　蒸馏头　电热套　刺形分馏柱　量筒（10mL、25mL、100mL）直形冷凝管　接液管　锥形瓶（100mL）　温度计（分度值 0.1℃，100℃）　长颈玻璃漏斗

**【实验步骤】**

**1. 沸点的测定**

（1）安装仪器　按图 2-15 所示安装一套干燥的普通蒸馏装置，用 25mL 量筒作接收器[1]，可用电热套加热。

（2）填加物料　用量筒量取 35mL 丙酮，经长颈玻璃漏斗，由蒸馏头上口倒入圆底烧瓶中，加几粒沸石[2]，安装好温度计。

（3）测定沸点　检查装置严密性后，接通冷却水，缓慢加热。当烧瓶内液体沸腾，蒸气环到达温度计汞球部位时，应适当降低加热强度，保持汞球底端挂有凝结的液珠。注意观察温度变化，并记录第一滴馏出液滴入接收器时的温度。调节加热强度，控制蒸馏速度为每秒1~2 滴。当馏出液体积达 10mL 时，记录温度并停止蒸馏。

丙酮的沸程_____℃。

### 2．蒸馏

稍冷却后，向圆底烧瓶中加入 15mL 水，并补加几粒沸石。继续加热蒸馏，用量筒收集下列温度范围的各馏分，并进行记录。当温度升至 83℃ 时，停止蒸馏。

| 温度范围/℃ | 馏出液体积/mL | 温度范围/℃ | 馏出液体积/mL |
|---|---|---|---|
| 56 | _____ | 70～80 | _____ |
| 56～60 | _____ | 80～83 | _____ |
| 60～70 | _____ | 剩余液 | _____ |

将各馏分及剩余液分别倒入指定的回收容器中。

### 3．分馏

向圆底烧瓶中重新装入 25mL 丙酮和 15mL 水，加几粒沸石，按图 2-16 所示改装成简单分馏装置。缓慢加热，使蒸气环约 15min 到达柱顶，记录第一滴馏出液滴入接收器时的温度。调节加热强度，控制分馏速度为每 2～3s 1 滴。用量筒收集下列温度范围的馏分并记录。

| 温度范围/℃ | 馏出液体积/mL | 温度范围/℃ | 馏出液体积/mL |
|---|---|---|---|
| 56 | _____ | 70～80 | _____ |
| 56～60 | _____ | 80～83 | _____ |
| 60～70 | _____ | 剩余液 | _____ |

当温度升至 83℃ 时，停止分馏。冷却后，将各馏分及剩余液倒入指定的回收容器中。

### 4．比较分离效果

在同一张坐标纸上，以温度为纵坐标，体积为横坐标，将蒸馏和分馏的实验结果分别绘制成曲线。比较蒸馏与分馏的分离效果，做出结论。

**【注释】**

[1] 本实验中用量筒作接收器，以方便及时测量馏出液的体积。由于丙酮易挥发，所以应在量筒口处塞上少许棉花。

[2] 沸石为多孔物质，受热后，能产生细小的空气泡。在液体沸腾时，可作为汽化中心，使沸腾保持平稳，以免发生暴沸现象。沸石必须在加热前加入，若忘记加入，则必须停止加热，待液体稍冷后，才可补加。否则，向正在加热的液体中投入沸石，会因骤然增加汽化中心而引起暴沸。如果蒸馏因故中途停止，在重新加热前，必须补加新的沸石，因为先前的沸石在冷却时吸入了液体，已经失效。

**【实验指南与安全提示】**

1. 在蒸馏与分馏的操作中，温度计安装的位置正确与否直接影响测量的准确度。只有当温度计汞球的上沿与蒸馏头侧管的下沿平齐时，汞球才可被即将通过侧管进入冷凝器的蒸气完全包围，所测得的沸点温度才比较准确。

2. 蒸馏和分馏操作中，都应严格控制馏出速度，以确保分离效果。特别是分馏时，若加热强度大，升温过快，就会因分馏柱内上升蒸气量过多，影响冷凝液回流，发生"液泛"现象，破坏气-液平衡，而使分馏难以继续进行。一旦发生这种情况，应暂时降温，待柱内液体流回烧瓶后，再继续缓慢升温，进行分馏。

3. 开始蒸馏（或分馏）时，一定要注意先通冷却水，再加热。而停止蒸馏（或分馏）时，则应先停止加热，稍冷后方可停通冷却水。

4. 注意：切不可向正在受热的液体混合物中补加沸石！

5. 注意：蒸馏和分馏装置都必须与大气相通，绝不能造成密闭体系！

**【思考题】**

1. 安装蒸馏或分馏装置时，应按怎样的顺序进行？

2. 开始加热之前，为什么要先检查装置的气密性？蒸馏或分馏装置中若没有与大气相通处，可以吗？为什么？

3. 由蒸馏头上口向圆底烧瓶中加入待蒸馏液体时，为什么要用长颈漏斗？直接倒入会有什么后果？分馏时用同样方法从分馏柱顶的蒸馏头上口加入物料可以吗？为什么？

4. 沸石在蒸馏（或分馏）时起什么作用？加沸石要注意哪些问题？

5. 为什么要控制蒸馏（或分馏）的速度？快了有什么影响？

6. 为什么可通过普通蒸馏来测定液体物质的沸点？什么是沸程？

7. 分离液体混合物，在什么情况下可采用普通蒸馏，什么情况下需用简单分馏？哪种方法分离效果更好些？

【预习指导】

做本实验前，请认真阅读第六节"普通蒸馏"和第七节"简单分馏"中有关内容，并查阅资料了解丙酮和水的物理性质。

# * 实验 2-5  八角茴香的水蒸气蒸馏

【目的要求】

1. 了解水蒸气蒸馏的原理和意义；

2. 初步掌握水蒸气蒸馏装置的安装与操作；

3. 学会从八角茴香中分离茴油的方法。

【实验原理】

八角茴香，俗称大料，常用作调味剂。八角茴香中含有一种精油，称为茴香油，其主要成分为茴香脑，为无色或淡黄色液体，不溶于水，易溶于乙醇和乙醚。工业上用作食品、饮料、烟草等的增香剂，也用于医药方面。由于其具有挥发性，可通过水蒸气蒸馏从八角茴香中分离出来。

【实验用品】

八角茴香　蒸馏水

水蒸气发生器　三口烧瓶（250mL）　量筒（20mL）　锥形瓶（250mL）　直形冷凝管　蒸馏弯头　酒精灯　接液管　长玻璃管（50cm）　T形管　螺旋夹

【实验步骤】

1. 安装仪器

按图 2-17 所示安装水蒸气蒸馏装置，用锥形瓶作接收器。水蒸气发生器中装入约占其容积 2/3 的水。

2. 加入物料

称取 5g 八角茴香，捣碎后放入 250mL 三口烧瓶中，加入 15mL 蒸馏水。连接好仪器。

3. 加热蒸馏

检查装置气密性后，接通冷却水，打开 T 形管上的螺旋夹，开始加热。

当 T 形管处有大量蒸气逸出时，立即旋紧螺旋夹，使蒸气进入烧瓶，开始蒸馏[1]，调节蒸气量，使馏出速度控制在每秒 2～3 滴。

### 4. 停止蒸馏

当馏出液体积达 150mL 时[2]，打开螺旋夹，停止加热，稍冷后，停通冷却水，拆除装置。记录馏出液体积，并倒入指定容器中[3]。

【注释】

[1] 可事先用小火将烧瓶内的混合物预热，以防蒸气在烧瓶中过多冷凝聚积。

[2] 八角茴香的水蒸气蒸馏若达到馏出液澄清透明需要时间较长，所以本实验只要求接收 150mL 馏出液。

[3] 也可用 10mL 乙醚分两次萃取馏出液，将萃取液交由教师统一蒸馏出溶剂，即可得精油产品。

【实验指南与安全提示】

1. 为防止暴沸，可在水蒸气发生器中加入几粒沸石。

2. 注意：在进行水蒸气蒸馏过程中，应随时观察安全管内水位上升情况，如发现异常，应立即打开螺旋夹，检查系统内是否有堵塞现象。

3. 蒸馏中，应注意控制蒸气通入量，以防烧瓶内翻腾剧烈，使物料冲出烧瓶进入冷凝管中。

【思考题】

1. 进行水蒸气蒸馏前，为什么要先打开 T 形管？

2. 本实验中，如何使茴油的分离效果更好些？

【预习指导】

做本实验前，请认真阅读第八节"水蒸气蒸馏"中有关内容并回答下列问题：

1. 水蒸气蒸馏适用于哪些混合物的分离？

2. 水蒸气蒸馏装置主要由哪些仪器部件组成？安全管和 T 形管在水蒸气蒸馏中各起什么作用？

# * 实验 2-6  乙二醇的减压蒸馏

【目的要求】

1. 了解减压蒸馏的原理和意义；

2. 初步掌握减压蒸馏装置的安装与操作，熟悉压力计的使用方法；

3. 学会利用减压蒸馏提纯乙二醇的方法。

【实验原理】

乙二醇，俗称甘醇，是略带甜味的无色黏稠液体，沸点为 197.2℃。常用作高沸点溶剂和防冻剂，也用于制备树脂、增塑剂、合成纤维、化妆品和炸药等。因其沸点较高，一般采用减压蒸馏的方法加以分离提纯。本实验将体系压力减至 $(20\sim30)\times133Pa$，收集 $92\sim100$℃的馏分，即可得到纯净的乙二醇。

【实验用品】

工业乙二醇  甘油

圆底烧瓶（100mL、150mL）  克氏蒸馏头  直形冷凝管  接液管  安全瓶  减压泵  水银压力计  温度计（100℃）  毛细管  螺旋夹

【实验步骤】

### 1. 安装仪器

参照图 2-19 安装减压蒸馏装置，装置中各连接部位可涂少量凡士林，以防止漏气。检

查实验装置，保证系统压力达到 $20 \times 133\text{Pa}$。

### 2. 加入物料

在圆底烧瓶中加入 60mL 工业乙二醇。关闭安全瓶上的活塞，开启减压泵。然后调节毛细管上的螺旋夹，使空气进入烧瓶，以能冒出一连串的小气泡为宜。

### 3. 加热蒸馏

当系统压力达到约 $20 \times 133\text{Pa}$ 并稳定后，开通冷却水，用甘油浴加热[1]。液体沸腾后，记录第一滴馏出液滴入接收器时的温度和压力。调节热源，控制蒸馏速度为每秒 $1 \sim 2$ 滴。当蒸出约 30mL 馏出液时，再记录此时的温度和压力。然后移去热源，缓缓旋开安全瓶上的活塞，调节压力到约 $30 \times 133\text{Pa}$，重新加热蒸馏[2]，记录第一滴馏出液滴入接收器和蒸馏接近完毕时的温度和压力[3]。

### 4. 停止蒸馏

蒸馏完毕，先移去热源，按第九节中"减压蒸馏操作"所述方法，结束蒸馏。

【注释】

[1] 也可采用电热套加热。安装时，将圆底烧瓶离开电热套底部约 5mm，其周围也应留有一定空隙，以保证烧瓶受热均匀。

[2] 重新加热前，先检查毛细管是否畅通，若发生堵塞，需更换毛细管。

[3] 不要蒸干，以免引起爆炸。

【实验指南与安全提示】

1. 为防止暴沸，要保证毛细管畅通并切忌直接用火加热。

2. 减压蒸馏操作中，要严格控制蒸馏速度。蒸馏速度过快，会使蒸馏瓶内的实际压力比压力计所示压力要高。

3. 停止蒸馏时，要缓慢打开安全瓶的活塞，否则，汞柱上升太快，可能会冲破压力计。

【思考题】

1. 减压蒸馏适用于分离提纯哪些物质？

2. 若减压蒸馏装置的气密性达不到要求，应采取什么措施？

【预习指导】

做本实验前，请认真阅读第九节"减压蒸馏"中的内容，并通过查阅有关资料了解液体沸点与压力之间的关系。

# 第三章
# 有机化合物的性质与鉴定

**知识目标**

· 了解未知物的鉴定与元素定性分析的原理和方法；

· 了解常见有机化合物的性质，掌握重要官能团的鉴定方法。

**技能目标**

· 能应用相关化学反应鉴定各类有机化合物；

· 会正确观察实验现象并科学表达实验结论；

· 能熟练运用气体的净化与收集技术。

有机化合物主要来源于自然界和人工合成。不论是从动、植物体内分离出来的天然产物，还是通过有机反应合成的新化合物或生成的副产物都需要利用化学和物理方法对其进行定性鉴定，以推断它们的分子结构，从而了解它们的性能和用途。

近年来，波谱技术广泛用于分离和分析，使有机化学的实验方法发生了根本的变化。但传统的化学分析法，特别是在试管中进行的化学分析，由于其具有简单易行、操作方便、准确度高和经济实用等特点，仍然被普遍应用于实验室中，也是每个化学、化工专业的学生必须掌握的一项操作技术。

## 第一节　未知物的鉴定

未知物通常可分为两类：一类是文献中已有报道，其结构和性质是已知的，只是实验者暂时还不了解它们是什么化合物，而将它们称之为"未知物"。另一类是文献未曾报道过的全新的化合物，需要实验者经过分析、鉴定来确定它们的碳骨架、官能团及其在分子中的具体位置，这类化合物是真正的未知物。

未知物的鉴定过程一般可分为下列几个步骤。

## 一、初步观察

先观察未知物的外观，如物态、形状、色泽、在空气中是否易氧化，辨别其是否具有特征气味等，再查阅有关文献、资料中的记载，进行对照，有时可初步判断未知物的种类。

通常大多数有机物是无色的，酚和芳胺类由于易氧化而随氧化程度不同呈现由浅紫到深棕色；硝基和亚硝基化合物一般为黄色；醌类和偶氮化合物为黄到红色。

低级醇具有酒香味；低级酯具有令人愉快的花果香味；低级酮和中级醛具有清爽香味，而低级醛、低级酸和酸酐则具有刺激性气味；低级胺往往具有鱼腥味；芳香族醛及硝基化合物常具有苦杏仁味等。

通过灼烧试验可观察到未知物是否易燃及火焰的颜色。固体物质还可了解其熔点高低。若熔融温度较低，容易燃烧，可初步确定为有机物；火焰呈黄色并发烟说明是芳香族或高度不饱和脂肪族化合物；黄色不发烟是脂肪族化合物的特征；化合物中含氧，其火焰为蓝色或接近无色；含硫则因燃烧时产生二氧化硫而发出特殊的臭味。

## 二、物理参数测定

测定未知物的物理参数可帮助我们判断化合物的纯度，以便决定是否需要进行分离操作。

液体样品可测其沸点，若沸点恒定、沸程较短（1～2℃），一般可表明该液体是较纯的物质。由于某些液体有机物可形成二元或三元恒沸混合物，所以也可进一步测定其折射率和密度。固体样品可通过测定熔点来确定其纯度。因为纯净的固体有机物具有固定的熔点，熔程也较短（1～2℃）。

一旦确定了未知物的纯度，其熔点和沸点等数据将使确定未知物结构的工作范围大大缩小，往往是在此基础上，进行一两个验证性的化学试验，即可确定化合物的结构。

## 三、元素定性分析

元素定性分析的目的是鉴定某一有机化合物由哪些元素组成的。一般有机化合物中都含有碳、氢两种元素。碳、氢元素的定性分析是将样品和氧化铜混合后加热，碳元素被氧化成二氧化碳，氢元素被氧化成水，再用适当方法检验二氧化碳和水的存在即可。

由于有机化合物分子中的原子一般都以共价键相结合，很难在水溶液中离解为相应的离子，所以当其中含有氮、硫、卤素等元素时，常需要采用钠熔法使这些元素转变成可溶于水的无机化合物：

$$\begin{array}{l}
\text{有机化合物} \quad +Na \xrightarrow{\text{共熔}} \begin{cases} NaCN \\ Na_2S \\ NaCNS \\ NaX \\ NaOH \end{cases} \\
\text{（含有 C、H、O、N、S、X）}
\end{array}$$

再通过检验这些无机化合物来证明氮、硫和卤素等元素的存在。

氧元素的鉴定到目前为止还没有较为合适的简便方法，一般是通过官能团鉴定来证明它的存在。

元素定性分析的具体方法如下。

### 1. 碳、氢元素的鉴定

称取 0.2g 干燥的蔗糖和 1g 干燥的氧化铜粉末，充分混合后装入干燥的试管中，配上装有导管的塞子。用铁夹将试管固定在铁架台上，管口端稍稍向下倾斜，将导管伸入另一支盛有 2mL 澄清石灰水的试管中（见图 3-1）。在样品下面加热，观察样品及石灰水变化情况。若石灰水变浑浊，则说明有二氧化碳生成，证明样品中有碳元素；若试管口附近的管壁上有水珠出现，则证明样品中有氢元素。反应式如下：

图 3-1　碳、氢元素的鉴定装置

$$C_{12}H_{22}O_{11}+24CuO \xrightarrow{\triangle} 12CO_2+11H_2O+24Cu$$
$$Ca(OH)_2+CO_2 \longrightarrow CaCO_3\downarrow+H_2O$$

### 2. 氮、硫和卤素的鉴定

（1）钠熔　将一支干燥的小试管竖直固定在铁架台上，切取一粒黄豆大小的金属钠（去掉氧化层），投入试管中，用小火在试管底部加热使金属钠熔融，待钠蒸气充满试管下半部时，移开灯焰，迅速加入 20mg 固体样品或 3～4 滴液体样品及少许蔗糖（注意应将样品直接加到试管底部，而不要挂在管壁上）。此时，可见试管内发生激烈反应。待反应缓和后，重新加热，使试管底部呈暗红色，冷却，向试管中加入 1mL 无水乙醇分解过剩的金属钠。再继续用强火将试管底部烧至红热，取下铁夹，趁热立即将试管底部浸入预先盛有 20mL 蒸馏水的小烧杯中。试管底遇冷水即炸裂，使钠熔物溶于水中。将此溶液煮沸，过滤，滤渣用水洗涤两次，得无色或淡黄色澄清的滤液约 25mL。

（2）氮元素的鉴定　在试管中加入 2mL 滤液、1mL 新配制的 5% 硫酸亚铁溶液及 4～5 滴 10% 氢氧化钠溶液，煮沸。此时如样品中含有硫元素，则会有黑色硫化亚铁沉淀析出。冷却后加入稀盐酸使生成的硫化亚铁沉淀刚好溶解。然后加入 1～2 滴 2% 氯化铁溶液，如有普鲁士蓝沉淀析出，则表明样品中含有氮元素。反应式如下：

$$2NaCN+FeSO_4 \longrightarrow Fe(CN)_2+Na_2SO_4$$
$$Fe(CN)_2+4NaCN \longrightarrow Na_4[Fe(CN)_6]$$
$$3Na_4[Fe(CN)_6]+4FeCl_3 \longrightarrow Fe_4[Fe(CN)_6]_3\downarrow+12NaCl$$
（普鲁士蓝）

（3）硫元素的鉴定

① 亚硝基铁氰化钠试验。在试管中加入 1mL 滤液、2～3 滴新配制的 0.5% 亚硝基铁氰化钠，如呈紫色表示含有硫元素。反应式如下：

$$Na_2S + Na_2[Fe(CN)_5NO] \longrightarrow Na_4[Fe(CN)_5NOS]$$
（紫红色）

② 硫化铅试验。在试管中加入 1mL 滤液及少量乙酸，使溶液呈酸性。再滴加 2～3 滴乙酸铅溶液，如生成黑色或棕色沉淀，表明样品中含有硫元素。反应式如下：

$$Na_2S+(CH_3COO)_2Pb \longrightarrow 2CH_3COONa+PbS\downarrow$$
（黑色）

（4）氮和硫元素的同时鉴定　在试管中加入 1mL 滤液，用稀盐酸酸化后，再加入 1 滴 5% 氯化铁溶液，如有血红色出现，证明试样中含有 $CNS^-$，即含有氮和硫元素。反应式如下：

$$3NaCNS+FeCl_3 \longrightarrow Fe(CNS)_3+3NaCl$$
（血红色）

（5）卤素的鉴定　在试管中加入 1mL 滤液，用稀硝酸酸化并在通风橱中煮沸 3min，除去可能存在的硫化氢和氰化氢（若样品中不含氮和硫，则不必煮沸）。冷却后加入几滴 5％硝酸银溶液，出现白色或黄色沉淀时，证明样品中含有卤素。反应式如下：

$$NaX + AgNO_3 \longrightarrow AgX\downarrow + NaNO_3$$

### 四、溶解度试验

通过溶解度试验，可将未知物进行初步分类，以便缩小试验范围。常用的溶剂为水、5％氢氧化钠溶液、5％碳酸氢钠溶液、5％盐酸溶液和浓硫酸等。

#### 1. 用水作溶剂

以水作溶剂，观察未知物的溶解情况。易溶于水的物质，一般分子中含有极性基团。相对分子质量低的醇、醛、酮、羧酸及胺等物质，可用石蕊试纸进一步检验：能使红色石蕊试纸变蓝，可能是胺类；能使蓝色石蕊试纸变红，可能是羧酸；石蕊试纸不变色，可能为醇、醛、酮等。

#### 2. 用 5％氢氧化钠溶液和 5％碳酸氢钠溶液作溶剂

能溶于碳酸氢钠溶液和氢氧化钠溶液的化合物是强酸，如磺酸、羧酸、多硝基酚等；只能溶于氢氧化钠，而不溶于碳酸氢钠的化合物是弱酸，如苯酚等。

#### 3. 用 5％盐酸溶液作溶剂

能溶于稀酸的未知物可能是胺类化合物。

#### 4. 用浓硫酸作溶剂

许多化合物都能溶于冷的浓硫酸，如烯烃、醇、醚、醛、酮、酯等，所以还需进一步做其他试验来鉴定。

不溶于以上溶剂的化合物常为烷烃、卤代烃和芳烃。

### 五、官能团鉴定

通过前面一系列试验后，可初步了解未知物属于哪一类化合物，再进行有关官能团的鉴定，便可基本确定其结构。官能团的鉴定是利用官能团的特征反应，即有明显现象产生的专属性反应来确定未知物中含有哪类官能团。试验时，可根据实际情况用一种或多种化学反应进行确认。具体方法见第二节。

### 六、衍生物的制备

为准确无误，还可将已基本确定了结构的未知物制成它的衍生物，测定其衍生物的熔点，再查阅有关资料，进行对比，若其熔点与已知衍生物熔点相同（或相近），便可确认该化合物的结构。

## 第二节　有机化合物的性质与官能团鉴定

有机化合物的性质是指有机化合物能够发生的一些化学反应。有机化学反应大多发生在分子中的官能团上。不同官能团具有不同的特性，可以发生不同的反应。相同官能团在不同的化合物中，由于受分子中其他部分的影响不同，反应性能也会有所差异。利用官能团的这些特性反应，可以对其进行定性鉴定。

并非所有反应都能用于官能团的鉴定，只有那些反应迅速、灵敏度高、现象变化明显、操作安全方便的反应才可用来鉴定有机物。

# 实验 3-1  甲烷的制备及烷烃的性质与鉴定

## 【目的要求】

1. 熟悉甲烷的实验室制法；
2. 验证烷烃的性质；
3. 了解气体净化的意义和方法。

## 【实验原理】

1. 甲烷的制备

实验室中，甲烷可由无水乙酸钠和碱石灰共热来制取。反应式如下：

$$CH_3COONa + NaOH \xrightarrow[\triangle]{CaO} CH_4 \uparrow + Na_2CO_3$$

由于反应温度较高，在生成甲烷的同时，还会产生少量乙烯、丙酮等副产物。其中乙烯对甲烷的性质鉴定有干扰，可通过浓硫酸将其吸收除去。

2. 烷烃的性质

甲烷和其他烷烃的化学性质都很稳定。在一般条件下，与强酸、强碱、溴水和高锰酸钾等都不反应。但在光照下可发生卤代反应生成卤代烷烃。在空气中燃烧，生成二氧化碳和水。

## 【实验用品】

浓硫酸（96%～98%）  无水乙酸钠  碱石灰  高锰酸钾溶液（0.1%）  氢氧化钠
液体石蜡  溴的四氯化碳溶液（3%）  饱和溴水  石油醚  氢氧化钠溶液（20%）  碳酸钠
溶液（5%）

大试管（硬质，2.5cm×20cm）  导气管  试管  尖嘴管  支管试管（2.0cm×20cm）
烧杯（100mL）  表面皿  铁架台  酒精灯  石棉网

## 【实验步骤】

1. 甲烷的制备

称取 4g 无水乙酸钠[1]、2g 碱石灰[2]和 2g 粒状氢氧化钠，在研钵中研细混匀后，装入干燥的硬质试管中，管口配上带有导气管的塞子。用铁夹将试管固定在铁架台上，管口端稍稍倾斜向下[3]，导管的另一端通过塞子插入盛有 10mL 浓硫酸的支管试管中距管底 1cm 处，装置如图 3-2 所示。

先用小火对试管整体均匀加热，再用强火加热试管中混合物，将火焰从试管前部逐渐移向底部[4]，待空气排空后，做下列性质鉴定。

2. 甲烷的性质

（1）稳定性  在一支试管中加入饱和溴水和蒸馏水各 1mL，在另一支试管中加入 0.1%高锰酸钾溶液和 5%碳酸钠溶液各 1mL，分别向两支试管中通入经浓硫酸洗过的甲烷约1min，观察溶液的颜色有无变化[5]。记录现象并解释原因。

（2）可燃性  在导管的尖嘴处点燃纯净的甲烷气体[6]，观察火焰的颜色和亮度[7]。在火焰的上方罩上一个干燥的烧杯（如图 3-3 所示），观察烧杯底壁上有什么现象发生，记录现象并解释原因。再将烧杯用澄清石灰水（或少量饱和氯化钡溶液）润湿后，罩在火焰上，观察有什么现象发生。记录现象并解释原因，写出有关化学反应式。

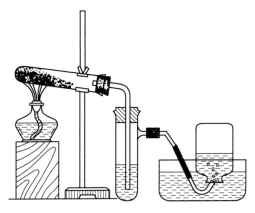
图 3-2 制备甲烷的装置

图 3-3 甲烷在空气中燃烧

### 3. 烷烃的通性

（1）稳定性 在一支试管中加入 0.1‰高锰酸钾溶液和 5‰碳酸钠溶液各 1mL，在另一支试管中加入饱和溴水 2mL，再分别向两支试管中各加入石油醚 1mL[8]，振摇后观察现象，在盛有溴水的试管中两层液体的颜色有什么变化？记录现象并解释原因。

另取两支试管，各加入 1mL 液体石蜡[9]，然后在一支试管中加入 1mL 浓硫酸，另一支试管中加入 1mL 20‰氢氧化钠溶液，振荡后观察现象，记录并解释原因。

（2）可燃性 在一块表面皿上滴 4～5 滴石油醚或液体石蜡，点燃，观察现象并记录，说明发生了什么反应。

（3）取代反应 取两支试管，各加入 1mL 石油醚和 5 滴 3‰溴的四氯化碳溶液，振摇后，一支立即用黑纸包好放于暗处，另一支置于阳光或日光灯下照射约 10min。比较两支试管中现象有什么不同。记录并解释原因。

【注释】

［1］无水乙酸钠很易吸潮，需经熔融处理后方可使用。也可用含有结晶水的乙酸钠来制取无水乙酸钠：将乙酸钠晶体置于蒸发皿中加热，并不断搅拌。乙酸钠开始熔化并溶解在结晶水中，随后由于水分蒸发而凝固。此时应继续加热并搅拌，乙酸钠再次熔融，呈深灰色液体状，充分搅拌几分钟后，放置冷却又凝为固体。将固体转移至研钵中研细，立即装瓶，存放于干燥器中。

此项工作可在实验前，由实验教师完成。

［2］碱石灰又叫苏打石灰，是氢氧化钠和生石灰的混合物。市售碱石灰含有指示剂，无水时为白色固体，吸水后是粉红色，使用前需焙烧或烘干。否则，碱石灰失效可导致实验失败。在碱石灰中加入等量的固体生石灰，可加速甲烷的形成。碱石灰中的生石灰虽然不直接参加反应，但却在其中起以下作用：

① 作吸湿剂。氢氧化钠的吸湿性很强，而水的存在不利于甲烷的生成，生石灰可吸收氢氧化钠所吸附的水分。

② 增加透气性。加入生石灰后混合物变得比较疏松，有利于生成的甲烷气体及时逸出。

③ 保护试管。熔融的氢氧化钠对玻璃试管具有较强的腐蚀性，生石灰的存在可对试管起到保护作用。

［3］试管口向下倾斜是为了防止反应中生成的副产物丙酮的冷凝液倒流回试管底，引起红热的试管炸裂。

［4］由前向后加热是为了使先生成的甲烷顺利逸出。如果先加热试管底部，开始生成的甲烷气体容易冲散混合物，甚至堵塞导管。

［5］溴水中通入甲烷气体的时间不宜过长，否则易挥发的溴被甲烷气流带走，溶液颜色也会消失，造成错误的实验结果。

［6］当可燃性气体在空气中含量达到一定比例时，点燃混合气体会因剧烈燃烧而爆炸。可燃性气体在空气中的这个比例范围称为该气体的爆炸极限。甲烷在空气中的爆炸极限为 5‰～15‰（体积分数）。因此，点燃可燃性气体时，要保

证气体的纯度。燃烧试验一般要放到性质试验的后面，气体发生平稳，空气排空之后再进行，以确保安全。

[7] 纯净甲烷燃烧的火焰应为蓝色。若甲烷中夹杂有丙酮蒸气，火焰就会变成黄色。或者由于甲烷在玻璃尖嘴处燃烧，玻璃中的钠元素使火焰呈现黄色。

[8] 石油醚不是醚类，而是低级烷烃（主要是戊烷和己烷）的混合物。它是石油分馏时的一种轻质馏分，沸点范围为30～60℃（或60～90℃）。常用作有机溶剂。

[9] 液体石蜡是高级烷烃（$C_{18}H_{38}$～$C_{22}H_{46}$）的混合物。由重油经减压蒸馏所得的馏分，沸点在300℃以上。可用作医药及化妆品的润滑剂。

**【实验指南与安全提示】**

1. 乙酸钠受热熔化后极易暴沸外溅，制取无水乙酸钠操作时要特别小心，最好戴上防护眼镜，以防溅入眼中。在整个熔融过程中，应不断搅拌，以减少外溅，同时可使熔融物冷却时不致结成硬块粘固在蒸发皿上。

2. 浓硫酸具有强腐蚀性，应避免触及皮肤或衣物。

3. 甲烷与空气能形成爆炸性混合物！应在甲烷气体发生平稳后再做可燃性试验。

**【思考题】**

1. 实验室中制取甲烷为什么需要干燥的仪器和药品？

2. 碱石灰的主要成分有哪些？在制取甲烷时，各起什么作用？

3. 制取甲烷的试管口为什么要稍向下倾斜？

4. 为什么向溴水中通入甲烷气体的时间不宜过长？

5. 本实验中是如何证明甲烷燃烧产物是二氧化碳和水的？

6. 烷烃的溴代反应为什么用溴的四氯化碳溶液而不用溴水？

# 实验 3-2　乙烯、乙炔的制备及不饱和烃的性质与鉴定

**【目的要求】**

1. 了解乙烯、乙炔的制备原理，熟悉它们的实验室制法；

2. 验证乙烯、乙炔的主要性质，掌握烯烃、炔烃的鉴定方法。

**【实验原理】**

**1. 乙烯、乙炔的制备**

（1）乙烯的制备　乙醇在浓硫酸作用下，于170℃发生分子内脱水生成乙烯，反应式如下：

$$CH_2-CH_2 \xrightarrow[170℃]{\text{浓 } H_2SO_4} CH_2=CH_2 + H_2O$$
$$\phantom{CH_2}H\phantom{--}OH$$

在140℃时，乙醇主要发生分子间脱水生成乙醚：

$$CH_3CH_2O-H + HO-CH_2CH_3 \xrightarrow[140℃]{\text{浓 } H_2SO_4} CH_3CH_2OCH_2CH_3 + H_2O$$

温度对这两个平行反应影响很大，控制加热速度，使反应温度迅速升至160℃以上，可使反应以生成乙烯为主。

浓硫酸具有较强的氧化性[1]，在反应条件下，能将乙醇氧化成一氧化碳、二氧化碳等，自身则被还原成二氧化硫。为防止杂质气体干扰乙烯的性质检验，将生成的混合气体通过一个盛有氢氧化钠溶液的洗气瓶，二氧化碳、二氧化硫等酸性气体就会被碱液吸收，从而得到较为纯净的乙烯气体。

（2）乙炔的制备　实验室中，乙炔是由电石（碳化钙）与水作用制得的，反应式如下：

$$C{\equiv}C \Big(\begin{smallmatrix}\\ Ca\end{smallmatrix} + 2H_2O \longrightarrow CH{\equiv}CH + Ca(OH)_2$$

电石与水的作用十分激烈，为使反应缓和进行，可采用向体系中逐渐滴加饱和食盐水的方式，以便平稳均匀地产生乙炔气流。

工业电石中常含有硫化钙、磷化钙和砷化钙等杂质，它们与水作用可生成硫化氢、磷化氢和砷化氢等恶臭、有毒的还原性气体，它们的存在不仅污染空气，也干扰乙炔的性质检验。将反应生成的混合气体通过盛有硫酸铜溶液（或铬酸洗液）的洗气瓶时，这些杂质气体就会被吸收。

### 2. 乙烯、乙炔的性质

乙烯、乙炔都是不饱和烃，分子中的 π 键非常活泼，容易与溴发生加成反应，也容易被高锰酸钾氧化。反应式如下：

（1）加成反应

$$CH_2{=}CH_2 + Br_2 \longrightarrow \underset{\substack{|\\ Br}}{CH_2}{-}\underset{\substack{|\\ Br}}{CH_2}$$

（红棕色）　　（无色）

$$CH{\equiv}CH + 2Br_2 \longrightarrow \underset{\substack{|\\ Br}}{\overset{\substack{Br\\ |}}{CH}}{-}\underset{\substack{|\\ Br}}{\overset{\substack{Br\\ |}}{CH}}$$

（红棕色）　　（无色）

（2）氧化反应

$$3CH_2{=}CH_2 + 2MnO_4^- + 4H_2O \longrightarrow 3\underset{\substack{|\\ OH}}{CH_2}{-}\underset{\substack{|\\ OH}}{CH_2} + 2MnO_2\downarrow + 2OH^-$$

（紫红色）　　　　　　（无色）　　　　（棕褐色）

$$5CH_2{=}CH_2 + 12MnO_4^- + 36H^+ \longrightarrow 10CO_2\uparrow + 12Mn^{2+} + 28H_2O$$

（紫红色）　　　　　　　　（无色）

$$3CH{\equiv}CH + 10MnO_4^- + 2H_2O \longrightarrow 6CO_2\uparrow + 10MnO_2\downarrow + 10OH^-$$

（紫红色）　　　　　　　（棕褐色）

此外，乙烯、乙炔都可在空气中燃烧，生成二氧化碳和水。

其他烯烃和炔烃也可发生上述同样反应。由于反应前后有明显的颜色变化或沉淀生成，所以这些性质可用于乙烯、乙炔及其他烯烃、炔烃的鉴定。

（3）炔氢原子的弱酸性　乙炔分子中的氢原子性质活泼，具有弱酸性，可与硝酸银氨溶液或氯化亚铜氨溶液作用，生成金属炔化物沉淀。利用此反应可鉴定乙炔及其他末端炔烃。反应式如下：

$$CH{\equiv}CH \xrightarrow{Ag^+} AgC{\equiv}CAg\downarrow$$

（白色）

$$CH{\equiv}CH \xrightarrow{Cu^+} CuC{\equiv}CCu\downarrow$$

（红色）

### 【实验用品】

羟胺溶液（10%）　稀硝酸溶液（6mol/L）　稀溴水（2%）　浓硫酸　饱和食盐水

乙醇（95%）　氢氧化钠溶液（10%）　硫酸铜溶液（10%）　氨水（2%）　氯化亚铜溶液（3%）　高锰酸钾溶液（0.1%）　碳酸钠溶液（5%）　电石　硝酸银溶液（2%）　氢氧化钠溶液（1%）　黄沙

蒸馏烧瓶（50mL、100mL）　导气管和尖嘴管　洗气瓶（125mL）　量筒　试管　恒压滴液漏斗（或滴液漏斗配恒压管）　温度计（300℃）　酒精灯　铁架台

**【实验步骤】**

### 1. 乙烯的制备

在干燥的 50mL 蒸馏烧瓶中加入 6mL 95%乙醇，在振摇下分批加入 8mL 浓硫酸[1]，再

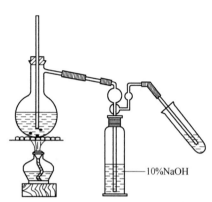

图 3-4　制备乙烯的装置

加入约 3g 黄沙[2]。将烧瓶固定在铁架台上，瓶口配上带有温度计的塞子。温度计的汞球部分应浸入反应液中，但不能接触瓶底。烧瓶的支管通过玻璃导管与盛有 30mL 10%氢氧化钠溶液的洗气瓶连接，气体导入管应插入吸收液面下，装置如图 3-4 所示。检查装置的气密性后，先用强火加热，使反应液温度迅速升至 160℃，再调节热源，使温度维持在 165～175℃，即有乙烯气体产生。

### 2. 乙烯的性质与鉴定

① 将导气管插入盛有 2mL 稀溴水的试管中，观察溴水的颜色变化。发生了什么反应？

② 将导气管插入盛有 1mL 0.1%高锰酸钾溶液和 1mL 5%碳酸钠溶液的试管中，观察溶液颜色的变化及沉淀的生成。发生了什么反应？

③ 将导气管插入盛有 2mL 0.1%高锰酸钾溶液和 2 滴浓硫酸的试管中，观察溶液颜色的变化。发生了什么反应？

④ 在尖嘴管口处点燃乙烯气体，观察火焰明亮程度。发生了什么反应？

记录上述实验现象并解释原因。

### 3. 乙炔的制备

在干燥的 100mL 蒸馏烧瓶中，放入 7g 小块电石[3]，将烧瓶固定在铁架台上。瓶口安装恒压滴液漏斗，漏斗中装入 15mL 饱和食盐水。蒸馏烧瓶支管通过导管与盛有 30mL 10%硫酸铜溶液的洗气瓶连接，导管应插入吸收液中，装置如图 3-5 所示，检查装置严密性后，缓慢旋开滴液漏斗的旋塞，逐滴加入饱和食盐水，就会有乙炔气体发生。

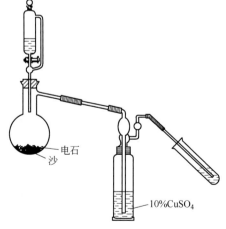

图 3-5　制备乙炔的装置

### 4. 乙炔的性质与鉴定

① 将导气管插入盛有 2mL 稀溴水的试管中，观察溶液颜色变化。发生了什么反应？

② 将导气管插入盛有 1mL 高锰酸钾溶液和 1mL 碳酸钠溶液的试管中，观察溶液颜色的变化及沉淀的生成。发生了什么反应？

③ 将导气管插入盛有 2mL 高锰酸钾溶液和 2 滴浓硫酸的试管中，观察溶液颜色的变

化。发生了什么反应？

④ 在试管中加入 1mL 2％硝酸银溶液和 2 滴 10％氢氧化钠溶液，边振摇边滴加 2％氨水，直到沉淀恰好溶解（不要加过量！），得到澄清透明的硝酸银氨溶液。将导气管尖嘴端清洗后，插入此溶液中，观察现象。发生了什么反应？

⑤ 在试管中加入 1mL 3％氯化亚铜溶液和 1mL 羟胺溶液[4]，混合后蓝色褪去。将导气管清洗后插入此溶液中，观察现象。发生了什么反应？

⑥ 擦干尖嘴管口，点燃乙炔气体，观察火焰亮度和黑烟的多少，并与甲烷、乙烯的燃烧情况进行对比。

记录上述实验现象并解释原因。

## 【注释】

[1] 浓硫酸是脱水剂，但具有较强的氧化性，在反应条件下，可将乙醇氧化成一氧化碳、二氧化碳和炭等，使溶液变黑，本身被还原成二氧化硫，反应式如下：

$$CH_3CH_2OH + 6H_2SO_4 \longrightarrow 2CO_2\uparrow + 6SO_2\uparrow + 9H_2O$$
$$CH_3CH_2OH + 4H_2SO_4 \longrightarrow 2CO\uparrow + 4SO_2\uparrow + 7H_2O$$
$$CH_3CH_2OH + 2H_2SO_4 \longrightarrow 2C + 2SO_2\uparrow + 5H_2O$$

二氧化硫是还原剂，能使高锰酸钾和溴水褪色。将气体通过盛有氢氧化钠溶液的洗气瓶，即可除去二氧化硫和二氧化碳。一氧化碳在常温下不与高锰酸钾和溴水反应，不影响实验结果。

[2] 加入黄沙的目的：一是起催化作用，促进反应向生成乙烯的方向进行。二是可减少泡沫，防止暴沸。没有黄沙时，可加几粒沸石代替。

[3] 可将烧瓶倾斜，放入电石后，再慢慢竖立起来，使电石沿瓶壁落入瓶底，以免砸坏烧瓶。

[4] 由于亚铜盐容易被空气氧化为二价铜盐，故溶液颜色变蓝。羟胺是一种强还原剂，加入后，可将 $Cu^{2+}$ 还原成 $Cu^+$，使溶液变为无色。

$$4Cu^{2+} + 2NH_2OH \longrightarrow 4Cu^+ + 4H^+ + N_2O + H_2O$$

## 【实验指南与安全提示】

1. 乙烯、乙炔性质试验所用的各种试剂，应事先加入试管中，一旦气体发生后，便可立即连续进行各项实验，以免造成气体浪费而不够用。

2. 实验时，导气管尖嘴必须插入试管中的液面下。

3. 注意：乙烯、乙炔的燃烧试验应放在其他试验项目后边做，以免空气未排尽之前，点燃混合气体而引起爆炸事故！乙烯在空气中的爆炸极限为 2.75％～27.6％，乙炔在空气中的爆炸极限为 2.5％～80％，范围较宽，实验时一定要注意安全。

4. 乙烯的性质试验做完后，应先切断连接烧瓶与洗气瓶的橡胶管，再停止加热，否则容易引起碱液倒吸。

5. 注意：金属炔化物在干燥状态下，受热会发生猛烈爆炸，并放出大量热！实验完毕，不要将金属炔化物沉淀随意倒掉，必须加酸分解。先将沉淀上面的清液弃去，然后加 2mL 稀硝酸（或稀盐酸）加热至沸。分解反应为：

$$AgC\equiv CAg + 2HNO_3 \longrightarrow 2AgNO_3 + CH\equiv CH\uparrow$$
$$CuC\equiv CCu + 2HCl \longrightarrow Cu_2Cl_2 + CH\equiv CH\uparrow$$

## 【思考题】

1. 制备乙烯时，加入浓硫酸起什么作用？浓硫酸为什么要在冷却下分批加入？

2. 制备乙烯的反应，温度计为什么要插入液面下？为什么要使反应温度迅速升至 160℃ 以上，否则会有什么不良后果？

3. 在乙烯、乙炔的制备装置中，洗气瓶各起什么作用？

4. 制备乙炔时，为什么使用饱和食盐水来代替水与电石反应？若不用滴液漏斗而直接将饱和食盐水加入烧瓶中，可以吗？为什么？

5. 燃烧试验的时间为什么不宜过长？如何快速熄灭火焰？

6. 金属炔化物有什么特性？实验后应如何处置？

7. 试设计一种简便的鉴别甲烷、乙烯、乙炔的实验方法。

# 实验 3-3　醇、酚、醚的性质与鉴定

【目的要求】

1. 验证醇、酚、醚的主要化学性质；

2. 掌握醇和酚的鉴定方法。

【实验原理】

醇、酚、醚都是烃的含氧衍生物。其中醇和酚具有相同的官能团——羟基。但由于与官能团所连接的烃基结构不同，它们的化学性质也有很大差别。

**1. 醇的性质与鉴定**

（1）与金属钠作用　醇类的特征反应主要发生在羟基上。羟基中的氢原子比较活泼，可被金属钠取代，生成醇钠，同时放出氢气：

$$2RCH_2OH + 2Na \longrightarrow 2RCH_2ONa + H_2\uparrow$$

醇钠水解后生成氢氧化钠，可用酚酞检验。

醇与金属钠的反应速率随烃基增大而减慢。

（2）与卢卡斯试剂作用　醇分子中的羟基可被卤原子取代，生成卤代烃：

$$RCH_2OH + HX \Longleftrightarrow RCH_2X + H_2O$$

与羟基相连的烃基结构不同，反应活性也不相同。叔醇最活泼，反应速率最快，仲醇次之，伯醇反应速率最慢。

将伯、仲、叔醇与卢卡斯试剂（无水氯化锌的浓盐酸溶液）作用，生成的氯代烷不溶于卢卡斯试剂而出现浑浊或分层。叔醇因反应速率快而立即出现浑浊，放置后分层；仲醇反应速率较慢，需经微热几分钟后出现浑浊；伯醇则因反应速率很慢而无明显变化。可根据出现浑浊时间的快慢来鉴别三级醇。

（3）与氧化剂作用　伯醇和仲醇可与高锰酸钾、重铬酸钾等氧化剂发生氧化反应，而叔醇在常温下不易被氧化。如用重铬酸钾的硫酸溶液与伯、仲、叔三级醇作用时，伯醇被氧化成羧酸；仲醇被氧化成酮；橘红色的重铬酸钾被还原成绿色的 $Cr^{3+}$，溶液由橘红色转变为绿色，叔醇因不被氧化，溶液的颜色不变。可利用这一性质鉴定叔醇。

$$\underset{\text{（橘红色）}}{RCH_2OH + Cr_2O_7^{2-} + 10H^+} \longrightarrow \underset{\text{（绿色）}}{RCOOH + 2Cr^{3+} + 6H_2O}$$

$$\underset{\text{（橘红色）}}{\overset{R}{\underset{R}{{\displaystyle \diagdown}}}CHOH + Cr_2O_7^{2-} + 12H^+} \longrightarrow \underset{\text{（绿色）}}{\overset{R}{\underset{R}{{\displaystyle \diagdown}}}C{=}O + 2Cr^{3+} + 7H_2O}$$

$$\underset{\text{（橘红色）}}{R_3C-OH + Cr_2O_7^{2-} + H^+} \nrightarrow$$

（4）多元醇与氢氧化铜作用　多元醇可与某些金属氢氧化物作用生成类似盐类的物质。如乙二醇、丙三醇与新配制的氢氧化铜沉淀反应，生成绛蓝色溶液，可利用这一反应鉴定邻位二元醇。

$$
\begin{array}{c}
CH_2OH \\
| \\
CHOH \\
| \\
CH_2OH
\end{array}
+ Cu(OH)_2 \longrightarrow
\begin{array}{c}
CH_2-O \\
| \quad\quad\; Cu \\
CH-O \\
| \\
CH_2OH
\end{array}
+ 2H_2O
$$

（蓝色，固态）　　（绛蓝色，液态）

### 2．酚的性质与鉴定

（1）弱酸性　酚羟基与芳环直接相连。由于二者相互影响，使酚羟基具有弱酸性（比碳酸弱），可溶于氢氧化钠溶液，但不溶于碳酸氢钠溶液。当芳环上连有吸电子基时，会使酚羟基的酸性增加，如 2,4,6-三硝基苯酚（俗称苦味酸）就具有较强的酸性，可溶于碳酸氢钠溶液，生成相应的钠盐。

（2）与溴水作用　受酚羟基的影响，苯环变得活泼，取代反应容易进行。例如，常温下苯酚与溴水作用，可立即生成 2,4,6-三溴苯酚白色沉淀，反应灵敏，现象明显，可用于苯酚的鉴定。

（3）与氯化铁溶液作用　大多数酚类都可与氯化铁溶液发生颜色反应，且不同结构的酚，颜色也不相同，常用这一反应来鉴别酚类。

$$
6C_6H_5OH + FeCl_3 \rightleftharpoons [Fe(OC_6H_5)_6]^{3-} + 6H^+ + 3Cl^-
$$

（紫色）

### 3．醚的性质

醚的分子中没有活泼官能团，性质比较稳定。但能溶于浓的强无机酸中生成𨦡盐，用水缓慢稀释时，𨦡盐又分解为原来的醚和酸。利用这一性质，可将混杂于卤代烷中的少量醚分离除去。

$$
R-O-R + H_2SO_4(浓) \longrightarrow [R-\overset{\overset{H}{\cdot\cdot}}{O}-R]^+ \; HSO_4^-
$$

$$
[R-\overset{\overset{H}{\cdot\cdot}}{O}-R]^+ \; HSO_4^- \xrightarrow{\;H_2O\;} R-O-R + H_2SO_4
$$

乙醚是最常用的一种醚。在空气中长期放置时，可被空气逐渐氧化形成过氧化物。过氧化物受热后容易分解发生强烈爆炸。为防止实验时发生意外事故，使用乙醚前应检查过氧化物的存在。

**【实验用品】**

硫酸铜溶液（10%） 正丁醇 氢氧化钠溶液（10%） 仲丁醇 重铬酸钾溶液（5%）叔丁醇 碳酸氢钠溶液（10%） 乙二醇 硫酸亚铁铵溶液（2%） 丙三醇 浓硫酸 酚酞溶液 金属钠 硫酸溶液（3mol/L） 对苯二酚 苦味酸 硫氰化铵溶液（1%） 饱和溴水苯酚 氯化铁溶液（1%） 无水乙醇 乙醚（化学纯） 碳酸钠溶液（10%） 卢卡斯试剂 工业乙醚

三脚架 酒精灯 铁架台 石棉网 试管 烧杯

**【实验步骤】**

**1. 醇的性质与鉴定**

（1）与金属钠作用 在两支干燥的编码试管中[1]分别加入无水乙醇、正丁醇各 1mL，再各加入 1 粒绿豆大小的金属钠[2]，观察两支试管中反应速率的差异。用大拇指按住一支试管口片刻，再用点燃的火柴接近试管口，有什么情况发生？

待试管中钠粒完全消失后[3]，醇钠析出使溶液变黏稠（或凝固）。向试管中加入 5mL 水并滴入 2 滴酚酞指示剂，观察溶液颜色变化。

记录上述实验现象并解释原因。

（2）与氧化剂作用 在三支编码试管中各加入 1mL 5%重铬酸钾溶液和 1mL 3mol/L 硫酸溶液，振荡混匀后，分别加入 5 滴正丁醇、仲丁醇、叔丁醇，振摇后用小火加热，观察现象，记录并解释原因。

（3）与卢卡斯试剂作用 在三支干燥的编码试管中[4]，分别加入 0.5mL 正丁醇、仲丁醇、叔丁醇，再各加入 1mL 卢卡斯试剂[5]，管口配上塞子，用力振摇片刻后静置，观察试管中的变化，记录首先出现浑浊的时间。将其余两支试管放入约 50℃的水浴中温热几分钟，取出观察，记录实验现象并解释原因。

（4）多元醇与氢氧化铜作用 在两支试管中，各加入 1mL 10%硫酸铜溶液和 1mL 10%氢氧化钠溶液，混匀，立即出现蓝色氢氧化铜沉淀。向两支试管中分别加入 5 滴乙二醇、丙三醇，振摇并观察现象变化，记录并解释原因。

**2. 酚的性质与鉴定**

（1）弱酸性 在试管中加入约 0.3g 苯酚和 1mL 水，振摇并观察其溶解性。将试管在水浴中加热几分钟，取出观察其中的变化[6]。将溶液冷却，有什么现象发生？向其中滴加 10%氢氧化钠溶液并振摇，发生了什么变化？

在两支试管中，各加入约 0.3g 苯酚，再分别加入 1mL 10%碳酸钠溶液、1mL 10%碳酸氢钠溶液，振摇并温热后，观察并对比两试管中的现象[7]。

另取一支试管，加入少量苦味酸，再加入 1mL 10%碳酸氢钠溶液，振摇并观察现象[8]。

（2）与溴水作用 在试管中加入约 0.3g 苯酚和 2mL 水，振摇使其溶解成为透明溶液。向其中滴加饱和溴水[9]，观察现象，记录并解释原因。

（3）与氯化铁溶液作用 在两支试管中分别加入少量苯酚、对苯二酚晶体，各加入 2mL 水振摇使其溶解。分别向两支试管中滴加新配制的 1%氯化铁溶液，观察溶液颜色变化，记录现象并解释原因。

**3. 醚的性质**

（1）锌盐的生成与分解 在干燥的试管中加入 1mL 乙醚，将试管置于冰-水浴中冷却，再缓慢向其中滴加 2mL 冰冷的浓硫酸，振摇后观察现象。将此溶液小心地倒入另一支盛有 5mL 冰水的试管中，振摇后观察现象变化。记录并解释原因。

（2）过氧化物的检验　在试管中加 1mL 新配制的 2% 硫酸亚铁铵溶液和几滴 1% 硫氰化铵溶液，再加入 1mL 工业乙醚，用力振摇后，观察溶液颜色有无变化[10]，记录现象并解释原因。

## 【注释】

[1] 使用两支以上试管同时进行物质的性质试验时，为方便观察并记录现象，可将试管按 1、2、3…顺序编上号码，简称编码。

[2] 金属钠表面有一层氧化膜，应用小刀轻轻切去，以便使反应顺利进行。

[3] 醇与钠的后期反应逐渐变慢，可将试管置于水浴中适当加热，促使反应进行完全。

[4] 醇与氢卤酸的反应是可逆反应，其逆反应是卤烷的水解。如果试管不干燥，将影响卤烷的生成，甚至导致实验失败。

[5] 卢卡斯试剂即无水氯化锌的盐酸溶液，容易吸水而失效，因此必须在实验前新配制。方法如下：将 34 g 熔融的无水氯化锌溶于 23mL 浓盐酸中。边搅拌边冷却以防止氯化氢外逸。冷却后保存于试剂瓶中，塞紧。配制操作应在通风橱中进行。

[6] 苯酚在常温下微溶于水，但在 68℃ 时可与水混溶。

[7] 苯酚酸性较弱，不能溶于碳酸氢钠溶液，但能溶于碳酸钠溶液，因为碳酸钠水解时生成的氢氧化钠与苯酚反应生成了水溶性的苯酚钠：

$$Na_2CO_3 + H_2O \rightleftharpoons NaOH + NaHCO_3$$

[8] 苦味酸的酸性比乙酸强，25℃ 时 $pK_a = 0.38$，所以可与碳酸氢钠作用放出二氧化碳，并生成苦味酸钠沉淀。

[9] 2,4,6-三溴苯酚的溶解度很小。即使是极稀的苯酚溶液（3μL/L）加入溴水也会呈现浑浊。溴水具有氧化性，加入过量时，可将 2,4,6-三溴苯酚氧化成醌类而呈淡黄色。

[10] 亚铁盐容易被氧化。乙醚中若含有过氧化物，可将硫酸亚铁铵中的 $Fe^{2+}$ 氧化成 $Fe^{3+}$，$Fe^{3+}$ 能与硫氰化铵发生配合反应，生成血红色的配合物。借此颜色变化来鉴别过氧化物的存在。

## 【实验指南与安全提示】

1. 注意：金属钠遇水反应十分剧烈，容易发生危险！所以试管中若有未反应完全的残余钠粒时，绝不能加水，可用镊子将其取出放入酒精中分解，千万不能弃入水槽中！

2. 本实验所用的氯化铁溶液和硫酸亚铁铵溶液都是在空气中容易发生还原或氧化反应的物质，应在实验前新配制。

3. 锌盐的形成是放热反应，容易使乙醚逸散并使已生成的锌盐分解，所以整个实验过程应始终保持在低温下进行。

4. 注意：苯酚有毒并对皮肤有很强的腐蚀性，如不慎沾及皮肤，应先用水冲洗，再用酒精擦洗，直至灼伤部位白色消失，然后涂上甘油。苦味酸是强酸，有腐蚀性，应避免与皮肤直接接触！

## 【思考题】

1. 用 95% 的乙醇代替无水乙醇与金属钠反应可以吗？为什么？

2. 在卢卡斯试验中，试管中有水可以吗？为什么？

3. 设计一试验方案，鉴别正丙醇、异丙醇和丙三醇。

4. 1-溴丁烷中混有少量丁醚，如何用一简便方法将其除去？

5. 设计一合适的试验方案，分离苯酚与苯甲醇的混合物。

# 实验 3-4　醛和酮的性质与鉴定

## 【目的要求】

1. 验证醛、酮的主要化学性质；
2. 掌握醛、酮的鉴定方法。

## 【实验原理】

### 1. 羰基加成反应

醛和酮都是分子中含有羰基官能团的化合物，它们有很多相似的化学性质。例如，醛和酮的羰基都容易发生加成反应。醛和甲基酮与饱和亚硫酸氢钠溶液的加成产物 $\alpha$-羟基磺酸钠为冰状结晶：

$$\underset{(CH_3)H}{\overset{R}{C}}=O + NaHSO_3 \rightleftharpoons \underset{(CH_3)H}{\overset{R}{\underset{SO_3Na}{\overset{OH}{C}}}}$$

醛（或甲基酮）　　　　　　　　　　　　$\alpha$-羟基磺酸钠

$\alpha$-羟基磺酸钠与稀酸或稀碱共热时又分解成原来的醛或酮，利用这一性质，可鉴别、分离和提纯醛或甲基酮。

### 2. 缩合反应

醛和酮都能与胺的衍生物发生缩合反应。例如，与 2,4-二硝基苯肼缩合生成具有固定熔点的黄色或橙红色沉淀（苯腙类化合物）：

$$\underset{(R)H}{\overset{R}{C}}=O + H_2NNH-\langle\rangle \longrightarrow \underset{(R)H}{\overset{R}{C}}=N-NH-\langle\rangle \downarrow$$

2,4-二硝基苯肼　　　　　　　　　　　　2,4-二硝基苯腙

2,4-二硝基苯腙在稀酸作用下可水解成原来的醛或酮，因此这一反应常用来鉴定、分离和提纯醛或酮。

### 3. 碘仿反应

具有 $CH_3\overset{O}{\overset{\|}{C}}-$ 结构的醛、酮和能够被氧化成这种结构的醇类（如 $CH_3\underset{OH}{\overset{|}{C}}HR$）可与次碘酸钠发生碘仿反应，生成淡黄色碘仿：

$$CH_3-\overset{O}{\overset{\|}{C}}-R(H) \xrightarrow{NaOI} CH_3I\downarrow + (H)RCOONa$$

$$CH_3CH_2OH \xrightarrow{NaOI} CH_3CHO \xrightarrow{NaOI} CH_3I\downarrow + HCOONa$$

利用碘仿反应可鉴别甲基醛、酮和能够氧化成甲基醛、酮的醇类。

### 4. 氧化反应

醛和酮的结构不同，性质也有差异。醛基上的氢原子非常活泼，容易发生氧化反应，较弱的氧化剂（如托伦试剂和斐林试剂）也能将醛氧化成羧酸。

与托伦试剂作用：

$$RCHO + 2Ag(NH_3)_2OH \longrightarrow RCOONH_4 + 2Ag\downarrow + 3NH_3 + H_2O$$

析出的银吸附在洁净的玻璃器壁上，形成银镜，因此这一反应又称银镜反应。酮不能被托伦试剂氧化，可利用这一反应区别醛和酮。

与斐林试剂作用：

$$RCHO + 2Cu(OH)_2 + NaOH \xrightarrow{\triangle} RCOONa + Cu_2O\downarrow + 3H_2O$$

酮和芳醛不能被斐林试剂氧化，可用此反应可以区别醛和芳醛、醛和酮。

此外，醛还能与希夫试剂作用呈紫红色。甲醛与希夫试剂作用生成的紫红色比较稳定，加硫酸也不褪色，利用这一特点可区别甲醛和其他醛。

### 【实验用品】

氢氧化钠溶液（10％）　碳酸钠溶液（10％）　硝酸银溶液（2％）　丙酮　稀硝酸（6mol/L）　正丁醛　浓氨水　稀盐酸（6mol/L）　苯甲醛　甲醇　甲醛溶液（37％）　铬酸试剂　苯乙酮　乙醛溶液（40％）　斐林试剂A　斐林试剂B　异丙酮　2,4-二硝基苯肼试剂　希夫试剂　碘-碘化钾溶液　饱和亚硫酸氢钠溶液　乙醇（95％）

三脚架　石棉网　烧杯　酒精灯　试管

### 【实验步骤】

#### 1. 羰基加成反应

在4支干燥的编码试管中[1]，各加入新配制的饱和亚硫酸氢钠溶液1mL，然后分别加入0.5mL甲醛溶液、正丁醛、苯甲醛、丙酮。振摇后放入冰-水浴中冷却几分钟，取出观察有无结晶析出[2]。

取有结晶析出的试管，倾去上层清液，向其中两支试管中加入2mL 10％碳酸钠溶液，向其余试管中加入2mL稀盐酸溶液，振摇并稍稍加热，观察结晶是否溶解？有什么气味产生？记录现象并解释原因。

#### 2. 缩合反应

在5支编码试管中，各加入1mL新配制的2,4-二硝基苯肼试剂，再分别加入5滴甲醛溶液、乙醛溶液、苯甲醛、丙酮、苯乙酮，振摇后静置。观察并记录现象，描述沉淀颜色的差异。

#### 3. 碘仿反应

在6支编码试管中，分别加入5滴甲醛溶液、乙醛溶液、正丁醛、丙酮、乙醇、异丙醇，再各加入1mL碘-碘化钾溶液，边振摇边分别滴加10％氢氧化钠溶液至碘的颜色刚好消失[3]，反应液呈微黄色为止。观察有无沉淀析出。将没有沉淀析出的试管置于约60℃水浴中温热几分钟后取出[4]，冷却，观察现象，记录并解释原因。

#### 4. 氧化反应

（1）与铬酸试剂反应　在4支编码试管中分别加入3滴乙醛溶液、正丁醛、苯甲醛、苯乙酮，再各加入 3 滴铬酸试剂，充分振摇后观察溶液颜色变化[5]，记录现象并解释原因。

（2）与托伦试剂反应　在洁净的试管中加入 3mL 2%硝酸银溶液，边振摇边向其中滴加浓氨水[6]，开始时出现棕色沉淀，继续滴加氨水，直至沉淀恰好溶解为止（不宜多加，否则将会影响实验灵敏度）。

将此澄清透明的银氨溶液分装在 3 支洁净的编码试管中，再分别加入 2 滴甲醛溶液、苯甲醛、苯乙酮（加入苯甲醛、苯乙酮的试管需充分振摇），将 3 支试管同时放入 60～70℃水浴中，加热几分钟后取出，观察有无银镜生成[7]。记录现象并解释原因。

（3）与斐林试剂反应　在 4 支试管中各加入 0.5mL 斐林试剂 A 和 0.5mL 斐林试剂 B，混匀后分别加入 5 滴甲醛溶液、乙醛溶液、苯甲醛、丙酮，充分振摇后，置于沸水浴中加热几分钟，取出观察现象差别[8]，记录并解释原因。

### 5. 与希夫试剂作用

在 3 支编码试管中，各加入 1mL 新配制的希夫试剂[9]，再分别加入 3 滴甲醛溶液、乙醛溶液、丙酮。振摇后静置，观察溶液的颜色变化。然后在加入甲醛、乙醛的试管中各加入 1mL 浓硫酸，振摇后，观察、比较两支试管中溶液的颜色变化。记录并解释现象。

### 6. 未知物的鉴定

现有 6 瓶无标签试剂，编号分别为 1 号、2 号、3 号、4 号、5 号、6 号。已知其中有甲醇、乙醇、甲醛、乙醛、丙酮、苯甲醛。试设计一合适的试验方案，加以鉴定并将鉴定结果报告实验指导教师。

【注释】

[1] 加成产物 α-羟基磺酸钠可溶于水，但不溶于饱和亚硫酸氢钠溶液，因此能呈晶体析出。试验时，样品和试剂量较少，若试管带水，稀释了亚硫酸氢钠溶液，使其不饱和，晶体就难于析出。

[2] 此时若无晶体析出，可用玻璃棒摩擦试管壁并静置几分钟，促使晶体析出。

[3] 碱液不可多加。过量的碱会使生成的碘仿消失，而导致实验失败，因为氢氧化钠可将碘仿分解：

$$CHI_3 + 4NaOH \longrightarrow HCOONa + 3NaI + 2H_2O$$

[4] 带有甲基的醇需先被次碘酸钠氧化成甲基醛或甲基酮后，才能发生碘仿反应。加热可促使醇的氧化反应快速完成。

[5] 铬酸试验是区别醛和酮的新方法，具有反应速率快、现象明显等特点。但应注意伯醇和仲醇也呈正性反应现象，所以不能一同鉴别。

[6] 托伦试剂是银氨配合物的碱性水溶液。通常是在硝酸银溶液中加入 1 滴氢氧化钠溶液后再滴加稀氨水至溶液透明。但最近的实验中发现，有时加碱的托伦试剂进行空白试验加热到一定温度时，试管壁上也能出现银镜。因此本实验中采用不加氢氧化钠，而滴加浓氨水的方法，以使实验结果更加可靠。

[7] 实验结束后，应在试管中加入少量硝酸溶液，加热至沸洗去银镜，以免溶液久置后产生雷酸银。

[8] 一般醛被氧化后，斐林试剂还原成砖红色 $Cu_2O$ 沉淀，甲醛的还原性较强，可将 $Cu_2O$ 进一步还原为单质铜，形成铜镜。

[9] 希夫试剂又称品红试剂。能与醛作用生成一种紫红色染料。一般对三个碳以下的醛反应较为敏感。产物加入过量强酸时可发生分解使颜色褪去，唯独甲醛与希夫试剂的反应产物比较稳定，不易分解，所以可借此区别甲醛与其他醛类。

【实验指南与安全提示】

1. 实验中所用未标明浓度的试剂，如 2,4-二硝基苯肼试剂、铬酸试剂、斐林试剂等，其配制方法见附录一。

2. 注意：硝酸银溶液与皮肤接触，立即生成难于洗去的黑色金属银，故滴加和振摇时应小心操作！

3. 配制银氨溶液时，切忌加入过量的氨水，否则将生成雷酸银（Ag—O—N≡C），受热后会引起爆炸，也会使试剂本身失去灵敏性。托伦试剂久置后会析出具有爆炸性的黑色氮化银（$Ag_3N$）沉淀，因此需在实验前配制，不可贮存备用。

4. 进行银镜反应的试管必须十分洁净，否则无法形成光亮的银镜，只能产生黑色单质银沉淀。可将试管用铬酸洗液或洗涤剂清洗后，再用蒸馏水冲洗至不挂水珠为止。

5. 希夫试剂久置后会变色失效，须在实验前新配制。

**【思考题】**

1. 醛和酮的性质有哪些异同之处？为什么？可用哪些简便方法鉴别它们？

2. 与饱和亚硫酸氢钠的加成反应可以用来提纯甲醛和乙醛吗？为什么？

3. 哪些醛酮可以发生碘仿反应？乙醇和异丙醇为什么也能发生碘仿反应？

4. 进行碘仿反应时，为什么要控制碱的加入量？

5. 醛与托伦试剂的反应为什么要在碱性溶液中进行？在酸性溶液中可以吗？为什么？

6. 银镜反应为什么要使用洁净的试管？实验结束后为什么要用稀硝酸分解反应液？

7. 苯甲醇中混有少量苯甲醛，试设计一实验方案将其分离除去。

8. 用适当方法鉴别下列各组化合物：

① 丙醛　丙酮　异丙醇　正丙醇

② 苯甲醇　苯甲醛　正丁醛　苯乙酮

# 实验 3-5　羧酸及其衍生物的性质与鉴定

**【目的要求】**

1. 验证羧酸及其衍生物的主要化学性质；

2. 掌握羧酸的鉴定方法。

**【实验原理】**

**1. 羧酸的性质**

（1）酸性　羧酸是分子中含有羧基（—C(=O)—OH）官能团的有机物。其典型的化学性质是具有酸性，可与氢氧化钠和碳酸氢钠作用生成水溶性的羧酸盐。所以羧酸既能溶于氢氧化钠溶液，也能溶于碳酸氢钠溶液，可以此作为鉴定羧酸的重要依据。某些酚类，特别是芳环上有强吸电子基的酚类具有与羧酸类似的酸性，可通过与氯化铁的显色反应来加以区别。

（2）还原性　甲酸分子中的羧基与一个氢原子相连，草酸分子中是两个羧基直接相连，由于结构特殊，它们都具有较强的还原性。甲酸可被托伦试剂氧化，发生银镜反应；草酸能被高锰酸钾定量氧化，常用作高锰酸钾的定量分析。

**2. 羧酸衍生物的性质**

羧酸分子中的羟基可被卤原子、酰氧基、烃氧基和氨基取代生成酰卤、酸酐、酯和酰胺等羧酸衍生物。这些羧酸衍生物具有相似的化学性质，在一定条件下，都能发生水解、醇解和氨（胺）解反应，其活性顺序为：酰卤＞酸酐＞酯＞酰胺。

## 【实验用品】

氢氧化钠溶液（10％、20％）　刚果红试纸　乙酰胺　高锰酸钾溶液（0.5％）　乙酰氯　氯化铁溶液（1％）　乙酸酐　乙酸乙酯　盐酸溶液（6mol/L）　苯甲酸　硫酸溶液（3mol/L）　冰醋酸　碳酸钠溶液（10％）　浓硫酸　硝酸银溶液（5％）　甲酸　饱和碳酸钠溶液　无水乙醇　乙酸　草酸　氨水（1＋1）　红色石蕊试纸

三脚架　玻璃棒　烧杯　酒精灯　石棉网　试管　带有导气管的塞子

## 【实验步骤】

### 1. 羧酸的性质与鉴定

（1）酸性　在3支编码试管中，分别加入5滴甲酸、5滴乙酸、0.2g草酸，再各加入1mL蒸馏水，振摇。用干净的玻璃棒分别蘸取少量酸液[1]，在同一条刚果红试纸上画线[2]。观察试纸颜色变化，比较各条线颜色深浅并说明三种酸的酸性强弱顺序。

在3支试管中各加入2mL 10％碳酸钠溶液，再分别加入5滴甲酸、5滴乙酸、0.2g草酸，振摇试管，观察有无气泡产生？是什么物质？记录实验现象并解释原因。

在试管中加入0.2g苯甲酸和1mL蒸馏水，振摇并观察溶解情况。向试管中滴加20％氢氧化钠溶液，振荡，发生了什么变化？再向其中滴加盐酸溶液，又发生了什么变化？记录实验现象并解释原因。

（2）酯化反应　在试管中加入无水乙醇和冰醋酸各1mL，再加入3滴浓硫酸。用带有导气管的塞子塞住试管口，小火加热3~5min，将产生的蒸气通入盛有2mL饱和碳酸钠溶液的试管中，观察液面有无分层现象？是否嗅到酯的香味？记录现象并写出有关反应式。

（3）甲酸和草酸的还原性　在两支试管中分别加入0.5mL甲酸、0.2g草酸，再各加入0.5mL高锰酸钾溶液和0.5mL硫酸溶液，振摇后加热至沸，观察现象，记录并解释原因。

在一支洁净的试管中加入1mL 1＋1氨水和5滴硝酸银溶液。在另一支洁净的试管中加入1mL 20％氢氧化钠溶液和5滴甲酸[3]，振摇后倒入第一支试管中，混匀。此时若有沉淀产生，可补加几滴氨水，使其恰好完全溶解。将试管放入85~95℃水浴中加热几分钟后取出，观察有无银镜形成，记录实验现象并解释原因。

### 2. 羧酸衍生物的性质

（1）水解反应

① 酰氯的水解。在试管中加入1mL蒸馏水，沿管壁缓慢加入3滴乙酰氯[4]，轻轻振摇试管，观察反应剧烈程度并用手触摸试管底部。描述反应现象并说明反应是否放热。

待试管稍冷后，向其中加入几滴硝酸银溶液，观察有何变化。记录实验现象并写出有关化学反应式。

② 酸酐的水解。在试管中加入1mL蒸馏水和3滴乙酸酐，振摇并观察其溶解性。稍微加热试管，观察现象变化并嗅其气味。生成了什么物质，写出有关化学反应式。

③ 酯的水解。在3支编码试管中各加入1mL乙酸乙酯和1mL蒸馏水。再向其中一支试管中加入0.5mL硫酸溶液，向另一支试管中加入0.5mL 20％氢氧化钠溶液。将3支试管同时放入70~80℃水浴中加热，边振摇边观察并比较各试管中酯层消失的速度。哪一支试管中酯层消失得快一些？为什么？写出有关化学反应式。

④ 酰胺的水解。在试管中加入 0.2g 乙酰胺和 2mL 20％氢氧化钠溶液，振摇后加热至沸，是否嗅到氨的气味？用湿的红色石蕊试纸在试管口检验。有什么现象发生？记录并写出有关化学反应式。

在试管中加入 0.2g 乙酰胺和 2mL 硫酸溶液，振摇后加热至沸，是否嗅到乙酸的气味？冷却后加入 20％氢氧化钠溶液至碱性（用试纸检验），嗅其气味。记录实验现象并解释原因。

（2）醇解反应

① 酰氯的醇解。在干燥的试管中[5]加入 1mL 无水乙醇，将试管置于冷水浴中，边振摇边沿试管壁缓慢滴加 1mL 乙酰氯。观察反应剧烈程度。待试管冷却后，再加入 3mL 饱和碳酸钠溶液中和。当溶液出现明显分层后，嗅其气味，有无酯的特殊香味？写出有关化学反应式。

② 酸酐的醇解。在干燥的试管中加入 1mL 无水乙醇和 1mL 乙酸酐，混匀后再加入 3 滴浓硫酸，小心加热至微沸。冷却后，向其中缓慢滴加 3mL 饱和碳酸钠溶液至分层清晰。是否闻到酯的特殊香味？写出有关化学反应式。

**【注释】**

[1] 蘸取不同酸液前，应清洗玻璃棒，以防不同酸液混合，造成实验现象不准确。

[2] 刚果红是一种酸碱指示剂。与弱酸作用呈棕黑色，与强酸作用呈蓝色，与中强酸作用呈蓝黑色。

[3] 银镜反应需在碱性介质中进行。甲酸的酸性较强，直接加入弱碱性的银氨溶液中，会使银氨配合物分解失效，所以需先用碱中和甲酸。

[4] 乙酰氯与水、醇的反应十分剧烈，并常伴有爆炸声，操作时要十分小心，缓慢滴加，以防液体溅出，造成灼伤事故。

[5] 乙酰氯非常容易发生水解，若试管不干燥，乙酰氯则首先发生水解反应而无法进行醇解反应。

**【实验指南与安全提示】**

1. 乙酰氯在空气中水解发白烟并有刺激性，操作最好在通风橱中进行。

2. 乙酸酐有毒，使用时应避免直接与皮肤接触或吸入其蒸气。

**【思考题】**

1. 甲酸能发生银镜反应，其他羧酸有此性质吗？为什么？

2. 酯化反应时，为什么加入饱和碳酸钠后，溶液才出现分层？乙酸乙酯在哪一层？

3. 在碱性介质中，酯的水解速率较快，为什么？

4. 根据实验中观察到的现象，比较并排列羧酸衍生物的反应活性顺序。

# 实验 3-6 含氮有机物的性质与鉴定

**【目的要求】**

1. 验证胺类化合物的主要化学性质；

2. 掌握伯、仲、叔胺及尿素的鉴定方法。

**【实验原理】**

## 1. 胺的碱性

胺是一类具有碱性的有机化合物。六个碳以下的胺能与水混溶，其水溶液可使 pH 试纸呈碱性反应，这是检验胺类的简便方法之一，也是鉴定胺类的重要依据。

胺能与无机酸反应生成水溶性的盐，所以不溶于水的胺可溶于强酸溶液中。胺是弱碱，在其盐溶液中加入强碱时，胺又游离出来，利用这一性质，可将胺从混合物中分离出来。

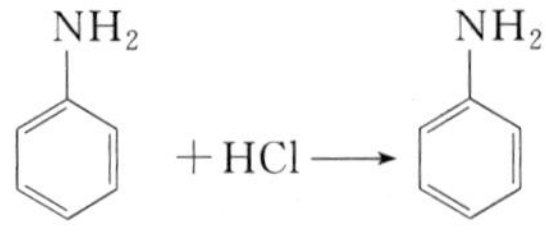

苯胺（不溶于水）苯胺盐酸盐（可溶于水）

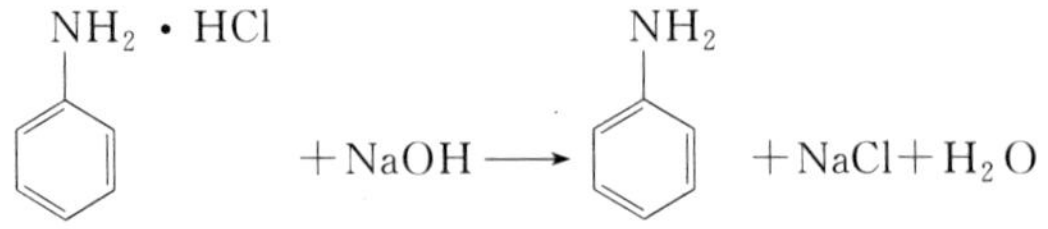

### 2. 酰化反应

胺能与酰氯或酸酐反应生成酰胺。伯胺与苯磺酰氯作用生成的磺酸胺，因氮原子上有酸性氢原子，所以能溶解在氢氧化钠溶液中：

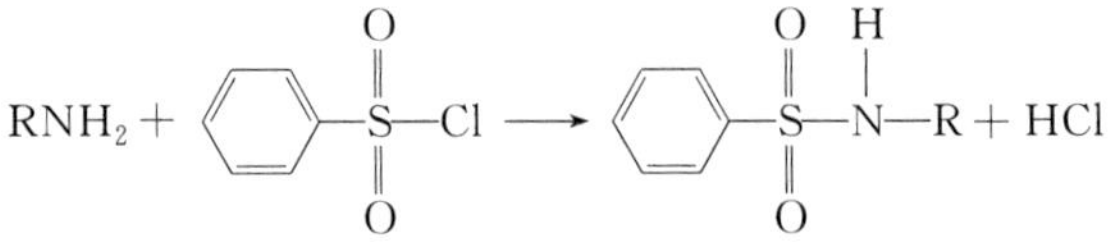

伯胺　　　　　苯磺酰氯　　　　苯磺酰胺（不溶）

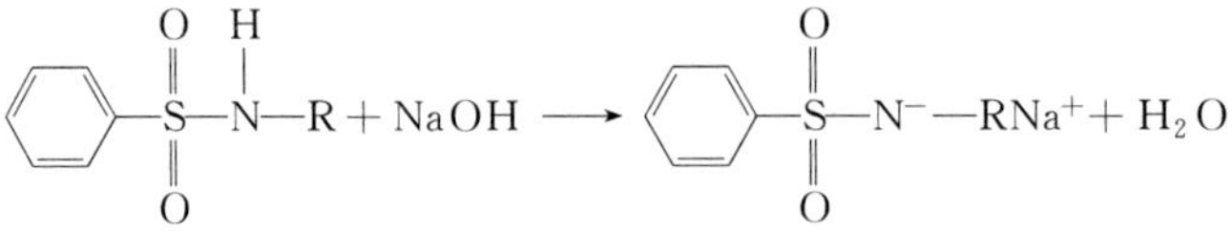

（可溶性盐）

仲胺与苯磺酰氯作用生成的磺酰胺不溶于氢氧化钠溶液，呈沉淀析出：

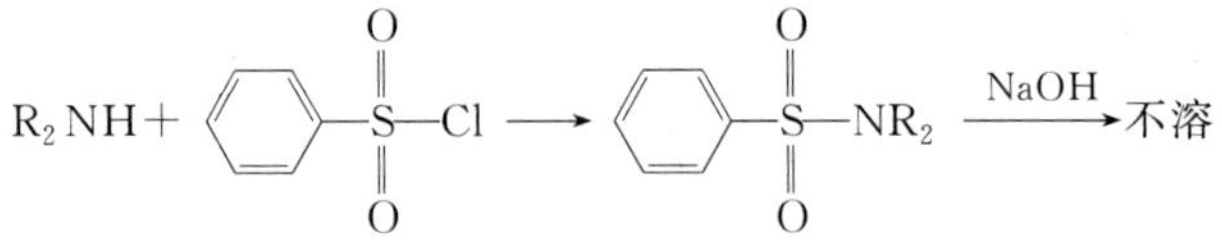

仲胺

叔胺分子中因氮原子上没有氢原子，不能发生酰化反应。利用这一性质，可鉴别伯、仲、叔三级胺。

### 3. 与亚硝酸的反应

胺类可与亚硝酸发生反应，不同结构的胺反应现象也不相同。脂肪族伯胺与亚硝酸作用生成相应的醇，同时放出氮气：

$$RNH_2 + HNO_2 \longrightarrow ROH + N_2 \uparrow + H_2O$$

伯胺　　　　　　　　醇

芳香族伯胺与亚硝酸在低温下作用生成重氮盐，重氮盐与 $\beta$-萘酚发生偶联反应生成橙红色的染料：

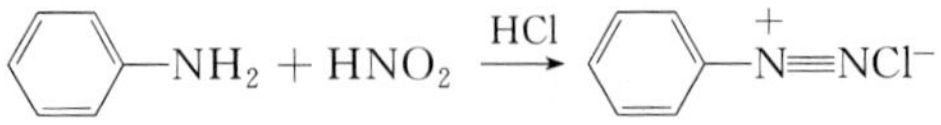

苯胺　　　　　　　　　　　　重氮苯盐酸盐

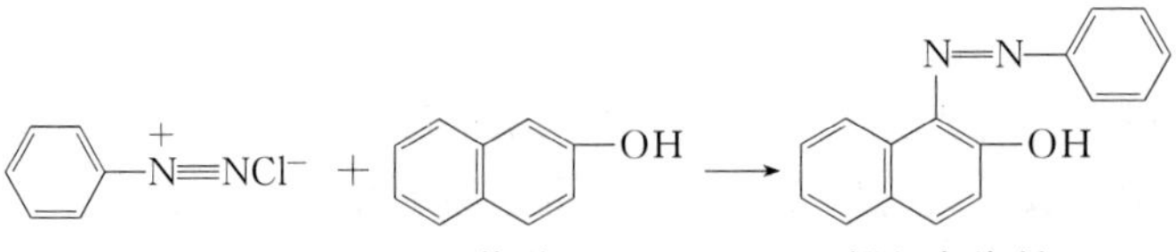

$\beta$-萘酚　　　　　　　　（橙红色染料）

仲胺与亚硝酸作用生成黄色的亚硝基化合物（油状物或固体）：

$$CH_3-N-H \quad +HNO_2 \longrightarrow \quad CH_3-N-NO \quad +H_2O$$

　　　　　*N*-甲基苯胺（仲胺）　　　　*N*-亚硝基-*N*-甲基苯胺（黄色）

芳香族叔胺与亚硝酸作用发生环上取代反应，生成绿色沉淀：

$$N(CH_3)_2 \quad +HNO_2 \longrightarrow \quad \quad +H_2O$$

　　　*N*，*N*-二甲基苯胺（叔胺）　　对亚硝基-*N*，*N*-二甲基苯胺（绿色晶体）

脂肪族叔胺与亚硝酸发生酸碱中和反应，生成可溶性的盐，没有明显的现象变化。

胺类与亚硝酸的反应不仅可用作伯、仲、叔胺的鉴别，还可用于区别脂肪族和芳香族伯胺、脂肪族和芳香族叔胺。

### 4. 苯胺的特殊反应

苯胺是重要的芳胺，由于氨基对苯环的影响，具有一些特殊的化学性质。如容易与溴水作用生成 2,4,6-三溴苯胺白色沉淀：

$$NH_2 \quad +3Br_2 \xrightarrow{H_2O} Br \quad Br \quad \downarrow +3HBr$$

　　　　苯胺　　　　　　　　2,4,6-三溴苯胺

此反应灵敏度高，现象明显，可用来鉴定苯胺。苯酚也能发生同样反应，可通过检验酸碱性或用氯化铁溶液加以区别。

苯胺非常容易被氧化，放置日久会被空气中的氧氧化成红棕色。

苯胺与漂白粉作用显紫色，与重铬酸钾的硫酸溶液作用生成黑色的苯胺黑。这些反应都可用来鉴定苯胺。

### 5. 尿素的性质

尿素是碳酸的二酰胺（ $H_2N-\overset{O}{\overset{\|}{C}}-NH_2$ ），具有弱碱性，可与浓硝酸作用，生成硝酸脲，也可与草酸作用生成草酸脲：

$$H_2N-\overset{O}{\overset{\|}{C}}-NH_2 + HNO_3 \longrightarrow [H_2N-\overset{O}{\overset{\|}{C}}-NH_2]\cdot HNO_3$$

　　　尿素　　　　　　　　　　　　硝酸脲

$$2H_2N-\overset{O}{\overset{\|}{C}}-NH_2 + HOOC-COOH \longrightarrow [H_2N-\overset{O}{\overset{\|}{C}}-NH_2]_2\cdot H_2C_2O_4$$

　　　　　草酸　　　　　　　　　　　　草酸脲

硝酸脲和草酸脲都是难溶于水的脲盐，利用这一性质，可将尿素从混合物中分离出来。尿素也能与亚硝酸作用，放出氮气，反应可定量完成，因此常用作尿素含量的测定。

$$H_2N-\overset{\overset{\displaystyle O}{\|}}{C}-NH_2 + 2HNO_2 \longrightarrow [HO-\overset{\overset{\displaystyle O}{\|}}{C}-OH] + 2N_2\uparrow + 2H_2O$$

$$\downarrow$$

$$CO_2\uparrow + H_2O$$

此外，尿素在受热时可发生缩合反应，生成二缩脲：

$$2NH_2-\overset{\overset{\displaystyle O}{\|}}{C}-NH_2 \overset{\triangle}{\longrightarrow} NH_2-\overset{\overset{\displaystyle O}{\|}}{C}-NH-\overset{\overset{\displaystyle O}{\|}}{C}-NH_2 + NH_3\uparrow$$

二缩脲与稀硫酸铜溶液在碱性介质中发生颜色反应，产生紫红色，可用于尿素的鉴定。

## 【实验用品】

亚硝酸钠溶液（25%）　饱和尿素溶液　氢氧化钠溶液（10%）　红色石蕊试纸　硫酸溶液（3mol/L）　饱和草酸溶液　盐酸溶液（6mol/L）　漂白粉溶液　硫酸铜溶液（2%）　N-甲基苯胺　饱和重铬酸钾溶液　苯磺酰氯　N,N-二甲基苯胺　饱和溴水　淀粉-碘化钾试纸　pH试纸　尿素　β-萘酚　正丁胺　苯胺　三乙胺　二乙胺　浓硝酸　浓盐酸

酒精灯　三脚架　石棉网　玻璃棒　烧杯　试管　塞子

## 【实验步骤】

### 1. 胺的碱性

① 在3支试管中各加入1mL蒸馏水，再分别加入2滴正丁胺、二乙胺、三乙胺。振摇后用pH试纸检验其酸碱性。

② 在试管中加入2滴苯胺和1mL蒸馏水，振摇，观察其是否溶解。向试管中滴加盐酸溶液，边滴加边振摇，有什么现象发生？再向其中滴加氢氧化钠溶液，直至溶液呈碱性，又发生了什么变化？

记录上述实验过程中的现象变化并解释原因。

### 2. 酰化反应

在3支编码试管中分别加入0.5mL苯胺、N-甲基苯胺、N,N-二甲基苯胺，再各加入3mL氢氧化钠溶液和0.5mL苯磺酰氯，配上塞子，用力振摇3~5min。取下塞子在水浴中温热并继续振摇2min[1]。冷却后用pH试纸检验溶液的酸碱性，若不呈碱性，可再加入几滴氢氧化钠溶液。

① 在有沉淀析出的试管中加入1mL水稀释，振摇后沉淀不溶解，表明为仲胺。

② 在无沉淀析出（或经稀释后沉淀溶解）的试管中，缓慢滴加盐酸溶液至呈酸性，此时若有沉淀析出，表明为伯胺。

③ 试验过程中无明显现象变化者为叔胺。

### 3. 与亚硝酸的反应

在5支编码试管中各加入1mL浓盐酸和2mL水，再分别加入0.5mL正丁胺、三乙胺、苯胺、N-甲基苯胺、N,N-二甲基苯胺。将试管放入冰-水浴中冷却至0~5℃，在振摇下缓慢滴加亚硝酸钠溶液，直至混合液使淀粉-碘化钾试纸变蓝为止[2]。观察并记录实验现象。

① 若试管中冒出大量气泡，表明为脂肪族伯胺。

② 若溶液中有黄色固体（或油状物）析出，滴加碱液不变化的为仲胺。

③ 溶液中有黄色固体析出，滴加碱液时固体转为绿色的为芳香族叔胺。

④ 向其余两支试管中滴加 β-萘酚溶液[3]，有橙红色染料生成的为芳香族伯胺。另一支试管中则为脂肪族叔胺。

### 4. 苯胺与溴水反应

在试管中加入 4mL 水和 1 滴苯胺，振摇后滴加饱和溴水[4]。发生了什么变化？记录现象并写出相关的化学反应式。

### 5. 苯胺的氧化

在 2 支试管中各加入 2mL 水和 1 滴苯胺，向其中 1 支试管中加入 3 滴新配制的漂白粉溶液，观察试管中溶液颜色的变化。

向另一支试管中加入 3 滴饱和重铬酸钾溶液和 6 滴硫酸溶液，振摇后观察溶液颜色的变化。

记录上述实验现象并说明发生了什么反应。

### 6. 尿素的弱碱性

（1）与硝酸反应　在试管中加入 1mL 浓硝酸，沿试管壁小心滴入 1mL 饱和尿素溶液，观察现象，再振摇试管，发生了什么变化？

（2）与草酸反应　在试管中加入 1mL 饱和草酸溶液和 1mL 饱和尿素溶液，振摇后观察现象。

记录上述实验现象并说明尿素的性质。

### 7. 尿素的缩合反应

在干燥的试管中加入 0.3g 尿素。先用小火加热，观察现象。继续加热并用润湿的红色石蕊试纸在试管口检验，发生了什么现象？有什么物质生成？熔融物逐渐变稠，最后凝结成白色固体。待试管稍冷却后加入 2mL 热水，用玻璃棒搅拌后将上层液体转移到另一支试管中，向其中加入 3 滴氢氧化钠溶液和 1 滴硫酸铜溶液，观察溶液颜色的变化。记录实验现象。

**【注释】**

[1] 加热为使苯磺酰氯水解完全。

[2] 在酸性溶液中，亚硝酸与碘化钾作用析出碘遇淀粉变蓝色，所以混合物中含有游离的亚硝酸可用淀粉-碘化钾试纸来检验。

[3] β-萘酚溶液的配制方法：将 5g β-萘酚溶于 50mL 5% 氢氧化钠溶液中。

[4] 反应液有时呈粉红色，是因为溴水将部分苯胺氧化，生成了有色物质所致。

**【实验指南与安全提示】**

1. 苯磺酰氯易挥发并有刺激性气味，使用时操作应迅速，并避免吸入其蒸气！

2. 苯胺有毒，可透过皮肤吸收引起人体中毒，注意不可直接与皮肤接触！

3. 芳伯胺与亚硝酸生成重氮盐的反应以及重氮盐与 β-萘酚的偶联反应均需在低温下进行，试验过程中试管始终不能离开冰-水浴。

**【思考题】**

1. 如何区别脂肪族与芳香族伯胺？

2. 如何区别脂肪族与芳香族叔胺？

3. 可用什么简便方法鉴别苯胺与苯酚？

4. 如何说明尿素具有弱碱性？

5. 对甲苯酚中混有苯胺，如何将其分离出来并回收？

6. 三乙胺中混有少量 N-甲基苯胺，如何将其分离除去？

# * 实验 3-7　糖类化合物的性质与鉴定

## 【目的要求】

1. 验证糖类化合物的主要化学性质；

2. 了解糖类化合物的鉴定方法。

## 【实验原理】

糖类化合物也称碳水化合物，是一类广泛存在于动植物体内的多羟基醛或多羟基酮以及它们的缩合物。

通常根据糖类能否水解及水解后生成物数量将其分类为单糖（不能水解），如葡萄糖、果糖、核糖等；双糖（水解后生成两个单糖），如蔗糖、麦芽糖等；多糖（水解后生成多个单糖），如淀粉和纤维素等。

### 1. 与 α-萘酚反应

在浓硫酸作用下，糖类化合物与 α-萘酚反应生成有色物质。试验时，可见试管中硫酸与试样的界面处形成紫色环，这一特征现象普遍用于糖类化合物的定性鉴定[1]。

### 2. 还原性

单糖具有还原性，能与托伦试剂发生银镜反应，也能与斐林试剂作用生成亚铜沉淀。

双糖由于两个单糖结合方式不同，有的有还原性，有的则没有还原性。如麦芽糖分子中有一个半缩醛基，属于还原糖，而蔗糖分子中没有半缩醛结构，是非还原糖。

### 3. 生成糖脎

还原糖能与过量的苯肼缩合生成糖脎。糖脎通常为黄色晶体，具有独特的晶形和固定的熔点，可通过观察结晶形状或测定熔点来鉴定还原糖。

葡萄糖和果糖结构不同，却生成相同的糖脎，但由于反应速率不同，析出糖脎的时间也不同，果糖约需 2min，葡萄糖则需 4～5min。可根据这一差异加以区别：

麦芽糖生成的糖脲能溶于热水中，蔗糖没有还原性，不能形成糖脲。利用这些性质差别可鉴定单糖、双糖，还原糖和非还原糖。

### 4. 淀粉的水解

在酸或淀粉酶的作用下，淀粉水解生成葡萄糖。

$$(C_6H_{10}O_5)_n \xrightarrow[H^+或淀粉酶]{nH_2O} nC_6H_{12}O_6$$

$$\quad\quad 淀粉 \quad\quad\quad\quad\quad\quad\quad\quad 葡萄糖$$

### 5. 淀粉与碘的反应

淀粉和纤维素都是由多个葡萄糖缩合而成的大分子化合物，没有还原性。淀粉遇碘呈现蓝色，反应灵敏，可用于鉴别。

【实验用品】

氢氧化钠溶液（10%）　纤维素溶液（滤纸浆）　果糖　α-萘酚乙醇溶液（10%）　淀粉溶液（2%）　氨水　硝酸银溶液（5%）　麦芽糖溶液（5%）　浓盐酸　浓硫酸（96%～98%）　葡萄糖溶液（5%）　硫酸溶液（3mol/L）　蔗糖溶液（5%）　碘溶液（0.1%）　果糖溶液（5%）　斐林试剂 A　斐林试剂 B　葡萄糖　麦芽糖　苯肼试剂　蔗糖　pH 试纸　酒精灯　石棉网　三脚架　烧杯　试管　显微镜（80～100 倍）

【实验步骤】

### 1. 与 α-萘酚反应

在 4 支试管中各加入 2 滴 α-萘酚乙醇溶液，再分别加入 0.5mL 葡萄糖溶液、蔗糖溶液、淀粉溶液、滤纸浆。混合均匀后将试管倾斜 45°，沿管壁缓慢加入 1mL 浓硫酸，不要振动。逐渐竖直试管观察，硫酸在下层，试液在上层，两层交界处有什么现象发生[2]？

### 2. 与托伦试剂反应

在洁净的试管中加入 4mL 硝酸银溶液，在不断振摇下逐滴加入氨水，至沉淀恰好溶解为止。将制得的银氨溶液分装在 4 支洁净的编码试管中，再分别加入 5 滴葡萄糖溶液、果糖溶液、麦芽糖溶液、蔗糖溶液。摇匀后放入约 60℃ 水浴中温热 5min。取出观察是否有银镜生成？哪种糖没有还原性？记录实验现象并解释原因。

### 3. 与斐林试剂反应

在 4 支编码试管中，各加入 1mL 斐林试剂 A 和 1mL 斐林试剂 B，混匀后再分别加入 5 滴葡萄糖溶液、果糖溶液、麦芽糖溶液、蔗糖溶液。振摇后放入沸水浴中加热 2～3min。取出试管观察，有无砖红色沉淀生成？哪种糖没有还原性？记录实验现象并解释原因。

### 4. 与苯肼试剂反应

在 4 支编码试管中各加入 2mL 水，再分别加入 0.1g 葡萄糖、果糖、麦芽糖、蔗糖，振摇试管使糖溶解。然后各加入 2mL 苯肼试剂摇匀，放入沸水浴中加热。注意观察并记录试管中出现结晶的时间[3]。20min 后[4]将试管取出，冷却后观察，又有哪支试管中出现了结晶？哪种糖不能形成糖脲？

用显微镜观察各种糖脲的晶形并与图 3-6 进行比较[5]。

记录实验现象、成脲时间并描述各种糖脲晶体的外观形状。

葡萄糖(果糖)脎　　　　　　　　　麦芽糖脎

图 3-6　糖脎的晶形

### 5．蔗糖的水解

在试管中加入 2mL 蔗糖溶液和 2 滴硫酸溶液，在水浴中加热 10min。取出试管，冷却后滴加氢氧化钠溶液至中性（用 pH 试纸检验）。向试管中加入 1mL 斐林试剂 A 和 1mL 斐林试剂 B，摇匀后置于水浴中加热 2min，取出试管观察，有什么现象发生？记录并解释原因。

### 6．淀粉的水解

在试管中加入 2mL 淀粉溶液和 0.5mL 浓盐酸，摇匀后放入沸水浴中加热 15min。取出试管，冷却后滴加氢氧化钠溶液至中性（用 pH 试纸检验）。向试管中加入 1mL 斐林试剂 A 和 1mL 斐林试剂 B，混匀后放入水浴中加热。另取一支试管，加入 2mL 淀粉溶液和斐林试剂 A、斐林试剂 B 各 1mL，混匀后同时加热。2min 后，取出试管观察，哪支试管中有砖红色沉淀生成？为什么？

### 7．淀粉与碘的反应

在试管中加入 0.5mL 淀粉溶液和 2mL 水，再加入 1 滴碘溶液，观察。发生了什么现象？将溶液加热[6]，有什么变化？冷却溶液，又有什么变化？记录实验现象。

### 【注释】

[1] 某些有机化合物，如甲酸、草酸、乳酸和丙酮等也有此反应现象，可通过检验酸性、碘仿反应等加以区别。

[2] 若数分钟后仍无颜色变化，可在水浴中温热后再观察。

[3] 各种糖形成糖脎的时间：

果糖　　约 2min 析出结晶

葡萄糖　约 5min 析出结晶

麦芽糖　溶液冷却后析出结晶

蔗糖　　30min 内没有现象变化

[4] 加热时间不可过长，否则，蔗糖在酸性介质中长时间受热会水解生成葡萄糖和果糖，而形成糖脎，导致错误的实验结果。

[5] 葡萄糖、果糖和麦芽糖脎的晶形如图 3-6 所示。

[6] 淀粉遇碘变成蓝色，是因为形成了一种包合物。加热时，包合物结构受到破坏，所以颜色消失，冷却后，重新形成包合物，颜色也随之恢复。

### 【实验指南与安全提示】

注意：苯肼有毒，操作时不要触及皮肤！若不慎沾上，应先用稀醋酸溶液洗两次，再用清水冲洗。

## 【思考题】

1. 能与 $\alpha$-萘酚发生显色反应的物质是否可确认为糖类？为什么？

2. 在成脎反应中，若加热时间较长，蔗糖溶液中也会出现黄色结晶，为什么？

3. 用什么方法可简便地检验淀粉的水解程度？

4. 试设计一合适的实验方案，鉴别下列化合物：

葡萄糖、果糖、麦芽糖、蔗糖、淀粉、纤维素

# * 实验 3-8 蛋白质的性质与鉴定

## 【目的要求】

1. 验证蛋白质的主要化学性质；

2. 了解蛋白质的鉴定方法。

## 【实验原理】

蛋白质是动物体的基本组成物质。动物细胞组织中除 20％水分外，其余物质全是蛋白质。蛋白质的一些化学反应可用于鉴定和分离。

### 1. 盐析作用

蛋白质是多种氨基酸的缩聚物，其水溶液具有胶体性质，通过盐析作用，可使蛋白质沉淀出来。

### 2. 显色反应

蛋白质能与茚三酮溶液发生显色反应。绝大多数蛋白质能发生缩二脲反应显紫色，发生黄蛋白反应显黄色，与硝酸汞试剂作用显红色，通常利用这些反应进行蛋白质的定性鉴定。

### 3. 与重金属盐作用

蛋白质可与许多重金属盐作用产生沉淀，医学上利用这一性质，将蛋白质作为许多重金属中毒的解毒剂。

## 【实验用品】

硫酸铜溶液（1％、饱和） 茚三酮试剂 氢氧化钠溶液（10％） 硝酸汞试剂 醋酸铅溶液（2％） 硫酸铵 硝酸银溶液（3％） 浓硝酸 蛋白质溶液

浓氨水 酒精灯 三脚架 石棉网 试管 烧杯

## 【实验步骤】

### 1. 盐析作用[1]

在试管中加入 4mL 蛋白质溶液，在轻轻振摇下，向其中加入硫酸铵粉末，直至硫酸铵不再溶解为止。静置观察，当下层产生絮状沉淀（清蛋白）后，小心吸出上层清液，再向试管中加入等体积的蒸馏水，振摇后观察，沉淀是否溶解？为什么？

### 2. 显色反应

（1）茚三酮反应[2] 在试管中加入 1mL 蛋白质溶液和 2 滴茚三酮试剂，振摇后放入沸水浴中加热 10min，取出观察，发生了什么现象？

（2）缩二脲反应[3] 在试管中加入 2mL 蛋白质溶液和 2mL 氢氧化钠溶液，再加入 2 滴 1％硫酸铜溶液[4]，振摇后观察，有什么现象发生？

（3）黄蛋白反应[5] 在试管中加入 2mL 蛋白质溶液和 0.5mL 浓硝酸，振摇后加热煮

沸，注意观察生成沉淀的颜色，再滴加氢氧化钠溶液，发生了什么变化？

（4）与硝酸汞试剂作用　　在试管中加入 2mL 蛋白质溶液和 2 滴硝酸汞试剂，小心加热并观察，有什么现象发生？

记录上述实验现象。

### 3. 与重金属盐作用[6]

在 3 支试管中，各加入 2mL 蛋白质溶液，再分别缓慢滴加饱和硫酸铜溶液、醋酸铅溶液、硝酸银溶液，边滴加边振摇，观察并记录实验现象。

【注释】

［1］盐析作用还可用来分离蛋白质。因为用同一种盐进行盐析时，不同的蛋白质需要不同浓度的盐溶液。例如，向鸡蛋清溶液中加硫酸铵至半饱和时，其中的球蛋白沉淀析出。过滤除去球蛋白后，再加硫酸铵至饱和，清蛋白即沉淀析出。

［2］除蛋白质外，氨基酸、氨和许多伯胺也能发生此反应。

［3］尿素也发生缩二脲反应，但在碱性介质中显红色，而蛋白质的缩二脲反应显紫色。

［4］硫酸铜溶液不可加过量，否则，将生成蓝绿色氢氧化铜沉淀，而掩蔽产生的紫色。

［5］蛋白质中的苯丙氨酸和色氨酸等与硝酸发生硝化反应，生成黄色的硝基化合物，称做黄蛋白反应。皮肤沾上硝酸显黄色就是发生了这样的反应。

加碱后变为橙黄色，是因为形成了醌类化合物所致。

［6］重金属盐与蛋白质形成不溶于水的化合物，这种沉淀作用是不可逆的，而且盐的浓度很小时就可产生沉淀。但沉淀可溶解于过量的沉淀剂溶液中，所以加入的硫酸铜和醋酸铅等溶液不能过量。

【实验指南与安全提示】

浓硝酸是强氧化剂，具有腐蚀性并能与皮肤发生化学反应，应避免直接触及。

【思考题】

1. 蛋白质的主要成分是什么？水解后生成什么物质？

2. 可用哪些简便方法来鉴别蛋白质？

3. 将剪下的指甲放入浓硝酸中，几分钟后，指甲变成黄色，为什么？

4. 发生汞中毒后，可用鸡蛋清或生豆浆作解毒剂，为什么？

5. 尿素和蛋白质都能发生缩二脲反应，可用什么方法区别它们？

6. 伯胺和蛋白质都能发生茚三酮反应，试设计一合适的实验方案，对它们进行鉴别。

# ＊ 实验 3-9　常见高分子化合物的鉴别

【目的要求】

1. 熟悉几种常见塑料的鉴别方法；

2. 熟悉几种常见合成纤维的鉴别方法。

【实验原理】

塑料和合成纤维都是日常生活中常见的高分子化合物。高分子化合物是由许多相同或不同的单体发生聚合反应生成的。根据生成聚合物的单体不同，塑料可分为聚乙烯、聚丙烯、聚氯乙烯、聚苯乙烯、酚醛塑料和有机玻璃等多种类型。合成纤维也可分为聚酰胺（锦纶）、聚酯（涤纶）、聚丙烯腈（腈纶）、聚丙烯（丙纶）和聚氯乙烯纤维（氯纶）等各种类型。鉴别这些高分子化合物最简便的方法就是燃烧法。通过燃烧实验，根据燃烧的难易程度、燃烧时的状态、火焰的颜色、气味及离火后的情况等判断其属于哪类塑料或纤维。

**【实验用品】**

有机玻璃（可取有机玻璃纽扣）　丙纶纤维　聚乙烯塑料（可取包装食品的柔软塑料袋）氯纶纤维　酚醛塑料（可取电器开关座、塑料梳子等）　锦纶纤维（尼龙）　聚氯乙烯塑料（可取塑料桌布、塑料鞋底等）　涤纶纤维（的确良）　聚丙烯塑料（可取捆扎商品的纤维状绳子）　腈纶纤维（人造羊毛）　聚苯乙烯塑料（可取仪器包装箱中垫衬的白色泡沫）

酒精灯　石棉网　火柴　镊子

**【实验步骤】**

1. **塑料的鉴别**

取各类塑料样品长约 5cm、宽约 2cm，分别用镊子夹住，在酒精灯上燃烧，观察燃烧现象并记录。然后与下列现象比较，判断其为哪类塑料。

（1）聚乙烯和聚丙烯　容易燃烧，点燃后离开火焰可继续燃烧。聚乙烯无烟生成，聚丙烯只有少量黑烟，有烧蜡味，边燃烧边熔化，与蜡烛燃烧相似，熔成无色液滴滴落下。

（2）聚氯乙烯　不易燃烧，其样品点燃后离开火焰随即熄灭。在火焰中燃烧时呈黄色，边缘卷曲成豆绿色，有氯化氢的刺激性气味。

（3）聚苯乙烯　容易燃烧，点燃后离开火焰能继续燃烧，有很浓的黑烟生成，落下的熔化物呈黑色，有苯乙烯气味。

（4）酚醛塑料　很难燃烧，燃烧时有苯酚的气味，离开火焰随即熄灭。

（5）有机玻璃　容易燃烧，火焰呈黄色，离开火焰继续燃烧且有熔化物落下，无烟生成，有水果香气味。

2. **合成纤维的鉴别**

取各类合成纤维一小块，用镊子夹住，在酒精灯焰上燃烧，观察现象并记录，与下列现象比较，判断其为哪种合成纤维。

（1）锦纶　开始接近火焰时，先熔化并有气泡产生，形成透明的胶状物。可趁热用针挑成细丝状。燃烧时火焰为橘黄色，较微弱，离开火焰即自行熄灭，有类似芹菜的清香味。

（2）涤纶　接触火焰时，先熔化后燃烧，边燃烧边滴落熔化物。火焰明亮呈黄白色，火焰边缘呈蓝色，冒黑烟，离开火焰即停止燃烧。灰烬呈褐色玻璃球状、尖硬，手压不碎。燃烧后发出芳香气味。

（3）腈纶　接近火焰时，先软后熔，燃烧时火焰呈黄色，有闪光，离开火焰可继续燃烧，散发出辛酸气味。

（4）丙纶　容易燃烧，熔融成蜡状物，燃烧时冒黑烟，离开火焰继续燃烧，散发出类似石蜡的气味。

（5）氯纶　接近火焰时先软化，燃烧时呈蓝色火焰，有氯化氢刺激气味，离开火焰即自行熄灭。

**【实验指南与安全提示】**

1. 塑料和合成纤维在燃烧时会产生有毒物质，所以燃烧实验应在通风橱中进行，燃烧样品量也不要过大。

2. 燃烧时，应在试样下方垫一块石棉网，以承受滴落的熔融物。千万不要滴落在手上，以免造成烫伤！

【思考题】

1. 什么是高分子化合物？高分子化合物的组成复杂吗？

2. 为什么可用燃烧实验来鉴别塑料或合成纤维的种类？

3. 哪类塑料容易燃烧？哪类塑料不易燃烧？为什么？

# 实验 3-10　设计实验

【目的要求】

由学生自选实验题目，利用所学理论知识和实验技术，独立设计实验方案，完成未知物的鉴定和混合物的分离工作。

实验工作可按下列步骤进行：

## 1. 选题

学生可从给定的题目中选择两组化合物进行鉴定；选择一组混合物进行分离。

## 2. 查阅资料

选定题目后，应认真查阅有关文献资料，摘录相关化合物的物理常数、特征性质等。

## 3. 设计实验方案

根据题目要求，设计出实验的具体方案，包括实验目的、实验原理和有关反应式，所需仪器和药品，实验步骤和预期结果等。

## 4. 实施实验

实验方案经指导教师审阅同意后，方可开始实验。实验过程中，应仔细观察、及时记录实验现象。

## 5. 总结实验

实验结束后，应及时总结，认真分析，得出正确结论并写出实验报告。对实验中出现的异常现象或操作中的失误，应分析原因，总结教训。

【实验内容】

### 1. 未知物的鉴定

从下列各组化合物中任选两组进行鉴定。

① 苯、甲苯、苯甲醇、苯甲醛、苄基氯

② 甲醇、甲醛、甲酸、乙醇、乙醛、乙酸

③ 异丙醇、丙酮、丙醛、丙酸、正丙胺

④ 苯胺、N-甲基苯胺、N,N-二甲基苯胺、正己胺

⑤ 尿素、乙酰胺、苯胺、蛋白质、苯酚

⑥ 葡萄糖、果糖、麦芽糖、蔗糖、淀粉

### 2. 混合物的分离

从下列各组混合物中任选一组进行分离。

① 苯甲酸和环己醇

② 苯酚和苯甲醇

③ 苯胺、丙酮和苯

**小资料**

## 农药残留物的检测

　　农药通常是指杀虫剂、杀菌剂、除草剂、灭鼠剂及植物生长调节剂等，是当代农业生产不可缺少的重要生产资料。近年来，新型高效农药不断出现，品种迅速地更新换代。对农药残留物的检测也提出了新的要求。例如超高效磺酰脲类除草剂在每亩地里只需施洒 $1\sim2g$，因此要求土中磺酰脲的最低检测限必须达到 pg 级；很多农药的水溶性较大，长期积累会造成地下水污染，欧盟制定的饮用水中农药残留标准为 $0.1\mu g/L$（单一农药）和 $0.5\mu g/L$（农药总量，含代谢产物）；此外，一些除草剂在应用过程中可能对下茬作物产生药害而导致减产，因此其在农田中的残留也需及时、准确地进行检验。

　　目前，低浓度、难挥发、热不稳定和强极性等农药的分析方法还不是十分理想。因此，研制用于检测多残留的高灵敏度、准确可靠的分析方法已成为环境分析及农药化学家的重要攻克目标。高效液相色谱（HPLC）可以直接测定那些难以用气相色谱（GC）分析的农药，但是常规检测器很难对不同类型的农药有相似的响应；复杂环境采取的样品在痕量分析时的化学干扰也常影响定量的精度，因而它们在多残留超痕量分析时都存在局限性。20 世纪 80 年代末，当大气压电离质谱（APIMS）成功地与 HPLC 联用后，专家们敏感地认识到 HPLC/APIMS 将成为农药分析的重要技术手段，同时还将使痕量有机毒物的环境监测水平登上一个新的台阶。

# 第四章
# 有机化合物的制备

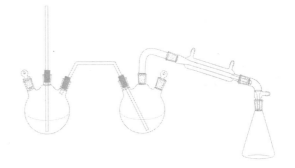

有机化合物的制备是指利用化学方法进行官能团的转换或将较简单的有机物合成较复杂的有机物的过程；也可是将较复杂的有机物分解成较简单的有机物的过程；以及从天然产物中提取出某一组分或对天然物质进行加工处理的过程。

要制备一种有机化合物，首先要选择正确的制备路线与合适的反应装置。通过一步或多步反应制得的有机物往往是与过剩的反应物料以及副产物等多种物质共存的混合物，还需采用适当的方法进行分离和净化，才能得到纯度较高的产品。

## 第一节　制备路线的选择

一种有机化合物的制备路线可能有多种，但并非所有的路线都能适用于实验室或工业生产。比较理想的制备路线应具备下列条件。

① 原料资源丰富，便宜易得，生产成本低；

② 副反应少，产物易纯化，总收率高；

③ 反应步骤少，时间短，能耗低，条件温和，设备简单，操作安全方便；

④ 不产生公害，不污染环境，副产品可综合利用。

在有机化合物的制备过程中，还经常需要应用一些酸、碱及各种溶剂作为反应介质或精制的辅助试剂。如能减少这些试剂的用量或用后能够回收，便可节约费用，降低成本。另一方面，制备过程中如能采取必要措施避免或减少副反应的发生及产品纯化过程中的损失，就可有效地提高产品的收率。

总之，选择一条合理的制备路线，根据不同的原料有不同的方法。哪种方法比较优越，需要综合考虑各方面因素，最后确定一个效益较高、切实可行的路线和方法。

# 第二节　反应装置的选择

选择合适的反应装置是确保实验顺利进行和成功的重要前提。制备实验的装置是根据制备反应的需要进行选择的。反应条件不同，反应原料和反应产物的性质不同，需要的反应装置也不相同。最常使用的是回流装置。有时为防止生成的产物因长时间受热而发生氧化或分解，还可采用分馏装置，以便将产物从反应体系中及时分离出来。

## 一、回流装置

有机化合物的制备，往往需要在溶剂中进行较长时间的加热。为防止在加热时反应物、产物或溶剂的蒸发逸散，避免易燃、易爆或有毒物质造成事故与污染，并确保产物收率，可在反应容器上竖直安装一支冷凝管。反应过程中产生的蒸气经过冷凝管时被冷凝，又流回到反应容器中。像这样连续不断地沸腾汽化与冷凝流回的过程称为回流。这种装置就是回流装置。

回流装置主要由反应容器和冷凝管组成。反应容器可根据反应的具体需要，选用适当规格的锥形瓶、圆底烧瓶、三口烧瓶等。冷凝管的选择要依据反应混合物沸点的高低。一般多采用球形冷凝管，其冷却面积较大，冷凝效果较好。当被加热的液体沸点高于140℃时，其蒸气温度较高，容易使水冷凝管的内外管连接处因温差过大而发生炸裂，此时应改用空气冷凝管。若被加热的液体沸点很低或其中有毒性较大的物质时，则可选用蛇形冷凝管，以提高冷却效率。

实验时，还可根据反应的不同需要，在反应容器上装配其他仪器，构成不同类型的回流装置。

### 1. 普通回流装置

普通回流装置如图 4-1 所示。由圆底烧瓶和冷凝管组成。

普通回流装置是最简单、最常用的回流装置，适用于一般的回流操作，如肥皂和阿司匹林的制备实验。

### 2. 带有干燥管的回流装置

带有干燥管的回流装置如图 4-2 所示。与普通回流装置不同的是在回流冷凝管上端装配有干燥管，以防止空气中的水汽进入反应体系。为防止体系被封闭，干燥管内不要填装粉末状干燥剂。可在管底塞上脱脂棉或玻璃棉，然后填装颗粒状或块状干燥剂，如无水氯化钙等。干燥剂和脱脂棉或玻璃棉都不能装（或塞）得太实，以免堵塞通道，使整个装置成为封闭体系而造成事故。

带有干燥管的回流装置适用于水汽的存在会影响反应正常进行的回流操作，如利用格氏试剂制备三苯甲醇的实验。

### 3. 带有分水器的回流装置

带有分水器的回流装置是在反应容器和冷凝管之间安装一个分水器，如图 4-3（a）

所示。

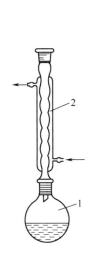

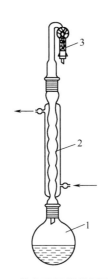

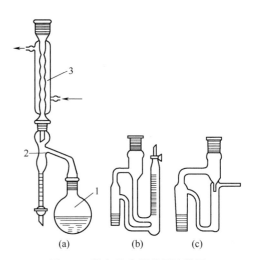

图 4-1　普通回流装置　　图 4-2　带有干燥管的回流装置　　图 4-3　带有分水器的回流装置
1—圆底烧瓶；2—冷凝管　　1—圆底烧瓶；2—冷凝管；3—干燥管　　1—圆底烧瓶；2—分水器；3—冷凝管

　　带有分水器的回流装置常用于可逆反应体系，如乙酸异戊酯的制备实验。当反应开始后，反应物和产物的蒸气与水蒸气一起上升，经过冷凝管时被冷凝流回到分水器中，静置后分层，反应物和产物由侧管流回反应容器，而水则从反应体系中被分出。由于反应过程中不断除去了生成物之一——水，因此使平衡向增加反应产物的方向移动。

　　当反应物及产物的密度小于水时，采用图 4-3(a) 所示装置。加热前先在分水器中装满水，并使水面略低于支管口，然后放出比反应中理论出水量略多些的水。若反应物及产物的密度大于水时，则应采用图 4-3(b) 或 (c) 所示的分水器。采用图 4-3(b) 所示的分水器时，应在加热前用原料通过抽吸的方法将刻度管充满；若需分出大量的水分，则可采用图 4-3(c)所示的分水器。该分水器不需事先用液体填充。

　　使用带有分水器的回流装置制备物质时，可在出水量达到理论值后停止回流。

### 4. 带有气体吸收的回流装置

　　带有气体吸收的回流装置如图 4-4(a) 所示。与普通回流装置不同的是多了一个气体吸收装置，见图 4-4(b)、(c)。将一根导气管通过胶塞与回流冷凝管的上口相连接，由导管导出的气体通过接近水面的漏斗口（或导管口）进入水中。

　　使用此装置要注意：漏斗口（或导管口）不得完全浸入水中；在停止加热（包括反应过程中因故暂停加热）前，必须将盛有吸收液的容器移去，以防倒吸。

　　此装置适用于反应时有难于冷凝的水溶性气体，特别是有害气体（如氯化氢、溴化氢、二氧化硫等）产生的实验，如 1-溴丁烷的制备实验。为提高吸收效果，可根据气体的性质采用适宜的水溶液做吸收液，如酸性气体用稀碱水溶液吸收，效果会更好些。

### 5. 带有搅拌器、测温仪和滴液漏斗的回流装置

　　这种回流装置是在反应容器上同时安装搅拌器、测温仪及滴液漏斗等仪器，如图 4-5 所示。搅拌能使反应物之间充分接触，使反应物各部分受热均匀，并使反应放出的热量及时散开，从而使反应顺利进行。使用搅拌装置，既可缩短反应时间，又能提高反应效率。常用的搅拌装置是电动搅拌器。

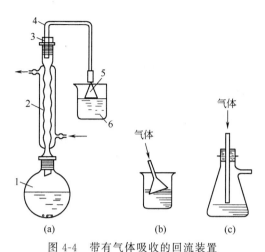

图 4-4　带有气体吸收的回流装置

1—圆底烧瓶；2—冷凝管；3—单孔塞；4—导气管；5—漏斗；6—烧杯

电动搅拌器由带支柱的底座、微型电机和调速器三部分组成（见图 4-6）。电机主轴配有搅拌器轧头，通过它将搅拌棒扎牢。

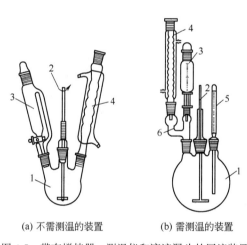

(a) 不需测温的装置　　(b) 需测温的装置

图 4-5　带有搅拌器、测温仪和滴液漏斗的回流装置

1—三口烧瓶；2—搅拌器；3—滴液漏斗；

4—冷凝管；5—温度计；6—双口接管

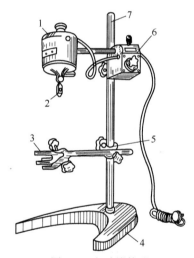

图 4-6　电动搅拌器

1—微型电机；2—搅拌器轧头；3—固定夹；

4—底座；5—十字夹；6—调速器；7—支柱

用于回流装置中的电动搅拌器一般具有密封装置。实验室用的密封装置有三种，即简易密封装置、液封装置和聚四氟乙烯密封装置。

一般实验可采用简易密封装置［见图 4-7(a)］。其制作方法是（以三口烧瓶作反应器为例）：在三口烧瓶的中口配上塞子，塞子中央钻一光滑、垂直的孔洞，插入一段长 6～7cm、内径比搅拌棒稍大些的玻璃管，使搅拌棒能在玻璃管内自由地转动。取一段长约 2cm、弹性较好、内径能与搅拌棒紧密接触的橡胶管，套于玻璃管上端，然后自玻璃管下端插入已制好的搅拌棒。这样，固定在玻璃管上端的橡胶管因与搅拌棒紧密接触而起到了密封作用。在搅拌棒与橡胶管之间涂抹几滴甘油或凡士林，可起到润滑和加强密封的作用。

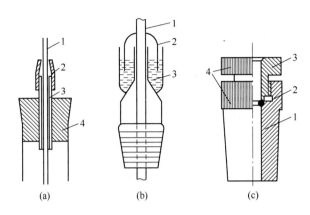

图 4-7　密封装置

（a）简易密封装置：1—搅拌棒；2—橡胶管；3—玻璃管；4—胶塞

（b）液封装置：1—搅拌棒；2—玻璃密封管；3—填充液

（c）聚四氟乙烯密封装置：1—塞体；2—胶垫；3—塞盖；4—滚花

　　液封装置如图 4-7（b）所示。其主要部件是一个特制的玻璃封管，可用石蜡油作填充液（油封闭器），也可用水银作填充液（汞封闭器）进行密封。

　　聚四氟乙烯密封装置如图 4-7（c）所示。主要由置于聚四氟乙烯瓶塞和螺旋压盖之间的硅橡胶密封圈起密封作用。

　　密封装置装配好后，将搅拌棒的上端用橡胶管与固定在电机转轴上的一短玻璃棒连接，下端距离三口烧瓶底约 0.5cm。在搅拌过程中要避免搅拌棒与塞中的玻璃管或烧瓶底相碰撞。

　　三口烧瓶的中间颈要用铁夹夹紧固定在搅拌器的支柱上。进一步调整搅拌器或三口烧瓶的位置，使装置正直。先用手转动搅拌棒，应无内外玻璃互相碰撞声。然后低速开动搅拌器，试验运转情况。当搅拌器和玻璃管、瓶底间没有摩擦的声音时，方可认为仪器装配合格，否则需要重新调整。最后再装配三口烧瓶另外两个口中的仪器。先在一个侧口中装配一个双口接管，双口接管上安装冷凝管和滴液漏斗。冷凝管和滴液漏斗也需用铁夹固定在搅拌器的支柱上。三口烧瓶的另一侧口装配温度计。再次开动搅拌器，如果运转正常，才能投入物料进行实验。

　　向反应器内滴加物料，常采用滴液漏斗或恒压漏斗。滴液漏斗的特点是当漏斗颈深入液面下时，仍能从伸出活塞的小口处观察滴加物料的速度。恒压漏斗除具有上述特点外，当反应器内压力大于外界大气压时，仍能向反应器中顺利地滴加物料。

　　带有搅拌器、测温仪和滴液漏斗的回流装置适用于在非均相溶液中进行，需要严格控制反应温度及逐渐加入某一反应物，或产物为固体的实验，如 2,4-二氯苯氧乙酸的制备实验。

## 二、回流操作要点

### 1. 选择反应容器和热源

　　根据反应物料量的不同，选择不同规格的反应容器。一般以所盛物料量占反应容器的 1/2 左右为宜。若反应中有大量气体或泡沫产生，则应选用容积稍大些的反应器。

实验室中，加热方式较多，如水浴、油浴、灯焰和电热套等。可根据反应物料的性质和反应条件的要求，适当地选用。

**2. 回流操作程序**

（1）装配仪器　以热源的高度为基准，首先固定反应容器，然后按照由下到上的顺序装配其他仪器。所有仪器应尽可能固定在同一铁架台上。各仪器的连接部位要严密。冷凝管的上口必须与大气相通，其下端的进水口通过胶管与水源相连，上端的出水口接下水道。整套装置要求正确、整齐和稳妥。

（2）加入物料　原料物及溶剂等可事先加入反应器中，再安装冷凝管等其他仪器；也可在安装完毕后由冷凝管上口用玻璃漏斗加入液体物料，或从安装温度计的侧口加入物料。沸石应事先加入。

（3）加热回流　检查装置各连接处的严密性后，先通冷却水，再开始加热。最初宜缓慢升温，然后逐渐升高温度，使反应液沸腾或达到要求的反应温度。反应时间以第一滴回流液落入反应器中开始计算。

（4）控制回流速度　调节加热温度及冷却水流量，控制回流速度使液体蒸气浸润面不超过冷凝管有效冷却长度的 1/3 为宜。中途不可断冷却水。

（5）停止回流　回流结束时，应先停止加热，待冷凝管中没有蒸气后再停通冷却水，稍冷后按由上到下的顺序拆除装置。

### 三、用于制备反应的分馏装置

当制备某些化学稳定性较差、长时间受热容易发生分解、氧化或聚合的有机化合物时，可采取逐渐加入某一反应物的方式，以使反应能够缓和进行；同时通过分馏柱将产物不断地从反应体系中分离出来。装置如图 4-8 所示。

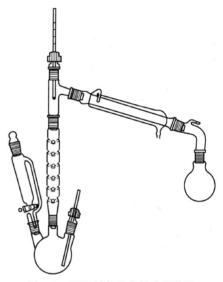

图 4-8　用于制备反应的分馏装置

在三口烧瓶的中口安装分馏柱，分馏柱上依次连接蒸馏头、温度计、冷凝管、接液管和接收器。其操作方法及要求与简单分馏完全相同。三口烧瓶的一个侧口安装温度计，其汞球应浸入反应液面下。另一侧口安装滴液漏斗，滴液漏斗中盛放某一反应物。为使反应物料在内压较大时仍能顺利滴加到反应器中，通常采用恒压滴液漏斗或在普通滴液漏斗上通过胶塞安装平衡管代替恒压漏斗使用。

三口烧瓶、滴液漏斗和分馏柱应分别用铁夹固定在同一铁架台上。

滴加物料的速度可根据反应的需要进行调节，馏出液的速度可较一般分馏稍快些，每秒 1～2 滴即可。

## 第三节　精制方法的选择

通过化学反应制得的有机化合物，常常是与过剩的原料、溶剂和副产物混杂在一起的。

要得到纯度较高的产品，还需进行精制。精制的实质就是把所需要的反应产物与杂质分离开来。精制的方法可根据产物与杂质理化性质的差异进行选择。

## 一、气体有机物的精制

实验室制备的气体有机物中常含有各种杂质或少量水汽，可通过洗涤和干燥的方法进行纯化。

### 1. 气体的洗涤

气体的洗涤通常在洗气瓶（见图 4-9）中进行。洗气瓶内盛放洗涤液。气体导入管的一端与气体发生装置连接，另一端浸入洗涤液中；气体导出管与接收气体的仪器连接。

洗涤剂的选择需要根据所净化的气体与杂质的性质来决定。通常选用可溶解、吸收杂质或能与杂质发生化学反应的物质作洗涤剂。一般酸性杂质，可选用碱性洗涤剂；碱性杂质，选用酸性洗涤剂；氧化性杂质，用还原性洗涤剂；还原性杂质，用氧化性洗涤剂。例如，实验室制备的甲烷中含有少量乙烯，可用浓硫酸将其吸收；制备的乙烯中含有二氧化碳、二氧化硫等酸性气体，可用氢氧化钠溶液洗去；制备的乙炔中含有硫化氢、磷化氢等还原性杂质，可用铬酸洗液将其氧化等。

### 2. 气体的干燥

气体的干燥通常是使气体通过干燥管、干燥塔（见图 4-10）或洗气瓶等干燥装置。

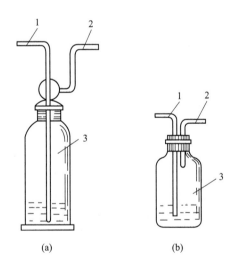

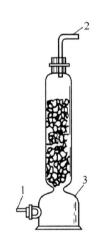

图 4-9    洗气瓶

（a）标准磨口洗气瓶；1—气体导入管；2—气体导出管；3—磨口瓶

（b）自制洗气瓶；1—气体导入管；2—气体导出管；3—广口瓶

图 4-10    干燥塔

1—气体导入管；2—气体导出管；

3—瓶体

干燥管或干燥塔中盛放无水氯化钙、硅胶等块状或粒状固体干燥剂。干燥剂不能装得太实，也不宜使用固体粉末，以便气体通过。

使用装在洗气瓶中的浓硫酸作干燥剂时，其用量不可超过洗气瓶容积的 1/3，通入气体的流速不宜太快，以免影响干燥效果。

## 二、液体有机物的精制

液体粗产物可通过萃取和蒸馏的方法进行精制。

### 1. 萃取

萃取是利用分液漏斗分离、提纯液体有机物常用的方法。选择合适的有机溶剂可将产物从水溶液中提取出来；通过水萃取可将反应混合物中的酸碱催化剂或无机盐洗去；还可用稀酸或稀碱除去反应混合物中的碱性或酸性杂质。

### 2. 蒸馏

利用蒸馏的方法，不仅可以将挥发性和不挥发性的物质分离开来，也可将沸点不同的物质进行分离。当被分离组分的沸点差在 30℃ 以上时，采用普通蒸馏即可。当沸点差小于 30℃ 时，可采用分馏柱进行简单分馏。蒸馏和分馏又是回收溶剂的主要方法。有些沸点较高、加热时未达到沸点温度即容易分解、氧化或聚合的物质，需采用减压蒸馏的方法将其与杂质分离。对于那些反应混合物中含有大量树脂状或不挥发性杂质，或液体产物被反应混合物中较多固体物质所吸附时，可用水蒸气蒸馏的方法将不溶于水的产物从混合物中分离出来。

液体有机物中所含的微量水分可选用适当的干燥剂吸附除去。

## 三、固体有机物的精制

固体粗产物可用沉淀分离、重结晶或升华的方法来精制。

### 1. 沉淀分离

沉淀分离法是选用合适的化学试剂将产物中的可溶性杂质转变成难溶性物质，再经过滤除去。这是一种化学方法，要求所选试剂能与杂质生成溶解度很小的沉淀，并且在自身过量时容易除去。

### 2. 重结晶

选用合适的溶剂，根据杂质含量不同，进行一次或多次重结晶，即可得到固体纯品。若粗产物中含有有色杂质、树脂状聚合物等难以用结晶法除去的杂质时，可在结晶过程中加入吸附剂进行吸附。常用的吸附剂有活性炭、硅胶、氧化铝和硅藻土等。

重结晶一般适用于杂质含量约在百分之几的固体混合物。

### 3. 升华

利用升华的方法可得到无水物及分析用纯品。升华法纯化固体有机物需要具备两个条件：

① 固体物质应有相当高的蒸气压；

② 杂质与被精制物的蒸气压有显著的差别（一般是杂质的蒸气压较低）。

升华法特别适用于纯化易潮解及易与溶剂起离解作用的有机化合物。

固体有机物中的微量水分可根据其性质选用自然晾干、加热烘干或放入干燥器中等方法予以除去。

## 第四节　实验产率的计算

制备实验的产率是指实际产量与理论产量的比值，通常以百分产率表示。

$$产率(\%)=\frac{实际产量}{理论产量}\times100\%$$

其中理论产量是按照反应方程式，原料全部转化成产物的质量；而实际产量则是指实验中实际得到纯品的质量。

为了提高产率，实验中常常增加某一反应物的用量。计算产率时，应以不过量的反应物用量为基准来计算理论产量。例如，乙酸异戊酯的制备实验产率的计算。

反应方程式：

| 摩尔质量/(g/mol) | 60 | 88 | 130 |
| --- | --- | --- | --- |
| 实际用量/g | 12(0.2mol) | 14.6(0.166mol) | |

其中异戊醇用量少，应作为计算理论产量的基准物。若 0.166mol 异戊醇全部转化成乙酸异戊酯，则理论产量为：

$$130g/mol\times0.166mol=21.58g$$

如果实际产量为 15.50g，则：

$$产率=\frac{15.50g}{21.58g}\times100\%=71.83\%$$

## 第五节　影响产率的因素及提高产率的措施

### 一、影响产率的因素

制备实验的实际产量往往达不到理论值，这是因为有下列因素的影响。

**1. 反应可逆**

对于可逆反应体系，在一定的实验条件下，化学反应建立了平衡，反应物不可能全部转化为产物，直接影响实验产率。

**2. 有副反应发生**

有机化学反应往往比较复杂，在发生主反应的同时，常伴有多种副反应发生，这样就会有一部分原料消耗在副反应中，致使实验产率降低。

**3. 反应条件不利**

在有机化合物的制备实验中，若反应条件控制不得当，如反应时间不足、温度控制不好或搅拌不够充分等都会引起产率降低。

### 4．分离和纯化过程中造成损失

有时制备反应所得粗产物的量较多，但却在精制过程中由于方法不当或操作失误，使收率大大降低了。

## 二、提高产率的措施

### 1．破坏平衡

对于可逆反应体系，可采取增加一种反应物的用量或除去产物之一（如分出反应中生成的水）的方法，以破坏平衡，使反应向正方向进行。究竟选择哪一种反应物过量，要根据反应的实际情况、反应的特点、各种原料的相对价格、在反应后是否容易除去以及对减少副反应是否有利等因素来决定。如乙酸异戊酯的制备中，主要原料是冰醋酸和异戊醇。相对来说，冰醋酸价格较低，不易发生副反应，在后处理时容易分离，所以选择冰醋酸过量。

### 2．加催化剂

在许多制备反应中，如能选用适当的催化剂，就可加快反应速率，缩短反应时间，提高实验产率，增加经济效益。如在阿司匹林的制备中，加入少量浓硫酸，可破坏水杨酸分子内氢键，促使反应在较低温度下顺利进行。

### 3．严格控制反应条件

实验中若能严格控制反应条件，就可有效地抑制副反应的发生，从而提高实验产率。如在1-溴丁烷的制备中，加料顺序是先加硫酸，再加正丁醇，最后加溴化钠。如果加完硫酸后即加溴化钠，就会立刻产生大量溴化氢气体逸出，不仅影响实验产率，而且严重污染空气。在乙烯的制备中，若不使温度快速升至160℃，则会增加副产物乙醚生成的机会。在乙酸异戊酯的制备中，如果分出水量未达到理论值就停止回流，则会因反应不完全而引起产率降低。

在某些制备反应中，适当地搅拌或振摇可促使多相体系中物质间的充分接触，也可使均相体系中分次加入的物料迅速而均匀地分散在溶液中，从而避免局部浓度过高或过热，以减少副反应的发生。如甲基橙的制备就需要在冰浴中边缓慢滴加试剂边充分搅拌，否则将难以使反应液始终保持低温环境，造成重氮盐的分解。

### 4．认真操作

为避免和减少精制过程中不应有的损失，应在操作前认真检查仪器。如分液漏斗必须经过涂油试漏后方可使用，以免萃取时产品从旋塞处漏失。有些产品微溶于水，如果用饱和食盐水进行洗涤便可减少损失。分离过程中的各层液体在实验结束前暂时不要弃去，以备出现失误时进行补救。

重结晶时，所用的溶剂不能过量，可分批加入，以固体恰好溶解为宜。

需要低温冷却时，最好采用冰-水浴，并保证充分的冷却时间，以避免由于结晶析出不完全而导致的收率降低。

过量的干燥剂会吸附产品造成损失，所以干燥剂的使用应适量。要在振摇下分批加入至液体澄清透明为止。

抽滤前，应将吸滤瓶洗涤干净，一旦透滤，可将滤液倒出，重新抽滤。

热过滤时，要使漏斗夹套中的水保持沸腾，可避免结晶在滤纸上析出而影响收率。

总之，要在实验的全过程中，对各个环节考虑周全，细心操作。只有在每一步操作中都有效地保证收率，才能使实验最终有较高的收率。

# 实验 4-1　环己烯的制备

## 【目的要求】

1. 了解消除反应原理，掌握环己烯的制法；
2. 掌握分馏装置的安装和操作；
3. 熟练掌握蒸馏、液态有机物的洗涤与干燥、分液漏斗的使用等技术。

## 【实验原理】

环己烯为无色透明液体，沸点 83℃，不溶于水，溶于乙醇、乙醚等。是重要的有机化工原料，可应用于聚酯材料、医药、食品、农用化学品及其他精细化工产品的生产。

本实验以环己醇为原料，在磷酸催化下发生脱水反应制取环己烯：

$$\text{环己醇} \xrightarrow[\triangle]{H_3PO_4} \text{环己烯} + H_2O$$

环己醇　　　　环己烯

烯烃的化学性质活泼，为防止产物在酸性介质中长时间受热发生变化，采用分馏装置将反应生成的环己烯及时蒸出。

## 【实验用品】

氯化钠溶液（饱和）　磷酸溶液（85％）　环己醇（化学纯）　无水氯化钙　沸石

分馏装置　温度计　蒸馏装置　分液漏斗　量筒　锥形瓶　圆底烧瓶　电热套（或水浴锅与电炉）　托盘天平

## 【实验步骤】

### 1. 消除反应

将 13g 环己醇置于干燥的 50mL 圆底烧瓶中，加入 10mL 磷酸溶液[1]和几粒沸石，摇匀。参照图 2-16 安装分馏装置，用量筒作接收器，电热套或水浴加热。缓慢升温至沸腾，控制分馏柱顶部的温度不超过 90℃[2]。收集馏分，至无馏出液滴出为止。

### 2. 洗涤

将馏出液移至分液漏斗中，静置后分去下层水。油层用 5mL 饱和氯化钠溶液洗涤后，分去水层。

### 3. 干燥

将粗产品倒入干燥的小锥形瓶中，加入 1～2g 无水氯化钙，振摇至澄清透明后，静置干燥约 20min。

### 4. 蒸馏

将产品滤入干燥的 50mL 圆底烧瓶中，安装蒸馏装置，用电热套或水浴加热蒸馏，收集 81～85℃馏分[3]。称量产品质量并计算产率。

【注释】

[1] 脱水剂可以是磷酸或硫酸。磷酸的用量必须是硫酸的 1 倍以上，但其较用硫酸有明显的优点：①不产生炭渣；②不产生难闻且污染环境的 SO₂ 气体。

[2] 反应中环己烯与水形成共沸物（沸点 70.8℃，含水 10％）；环己醇与水形成共沸物（沸点 97.8℃，含水 80％）。因此在加热时温度不可过高，蒸馏速度不宜太快，以每 2～3 秒 1 滴为宜，以减少未作用的环己醇被蒸出。

[3] 若在 81℃以下有较多馏分，说明干燥不够完全，应重新干燥后再进行蒸馏。

【实验指南与安全提示】

1. 环己烯为中等毒性易燃液体，应避免明火，并防止将其蒸气吸入体内！

2. 脱水反应宜缓慢升温，以防环己醇被氧化。

【思考题】

1. 本实验中所用氯化钙除做脱水干燥剂外，还有什么作用？

2. 在精制产品的蒸馏操作中，如果在 80℃以下有较多馏分产生，可能是什么原因？应采取哪些应急补救措施？

【预习指导】

1. 查阅资料并进行有关计算后，填写下表。

| 品　名 | $M$/(g/mol) | 沸点/℃ | $\rho$/(g/cm³) | 水溶性 | 使用规格 | 投料量 质量 /g(体积/mL) | 投料量 物质的量 /mol | 理论产量 |
|---|---|---|---|---|---|---|---|---|
| 环己醇 | | | | | | | | — |
| 磷酸 | — | — | — | | | | — | — |
| 氯化钠溶液 | | | | | | | — | — |
| 环己烯 | | | | | — | — | | |

2. 做实验前，请认真阅读第二章第二节中"液体物质的干燥"、第四节中"液体物质的萃取（或洗涤）"、第六节"普通蒸馏"和第七节"简单分馏"等内容，并熟悉下列操作流程示意图。

制备环己烯的操作流程示意图：

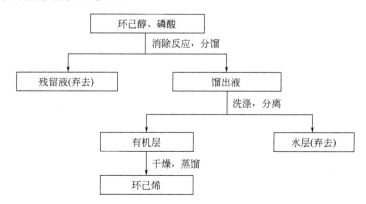

# * 实验 4-2　1-溴丁烷的制备

## 【目的要求】

1. 熟悉由醇制备溴代烷的原理，掌握 1-溴丁烷的制备方法；
2. 掌握带有气体吸收的回流装置的安装与操作；
3. 了解干燥剂的使用，掌握利用萃取和蒸馏精制液体粗产物的操作技术。

## 【实验原理】

1-溴丁烷也称正溴丁烷，是无色透明液体，沸点 101.6℃，不溶于水，易溶于醇、醚等有机溶剂。是麻醉药盐酸丁卡因的中间体，也用于生产染料和香料。

本实验采用正丁醇与氢溴酸在硫酸催化下发生溴代反应制取 1-溴丁烷。

主反应：

$$NaBr + H_2SO_4 \longrightarrow HBr + NaHSO_4$$

$$CH_3CH_2CH_2CH_2OH + HBr \underset{\triangle}{\overset{H^+,\ \triangle}{\rightleftharpoons}} CH_3CH_2CH_2CH_2Br + H_2O$$

正丁醇　　　　　　　　　　　　　　　　1-溴丁烷

副反应：

$$CH_3CH_2CH_2CH_2OH \xrightarrow[\triangle]{浓\ H_2SO_4} CH_3CH_2CH=CH_2 + H_2O$$

$$2CH_3CH_2CH_2CH_2OH \xrightarrow[\triangle]{浓\ H_2SO_4} CH_3CH_2CH_2CH_2OCH_2CH_2CH_2CH_3 + H_2O$$

$$2HBr + H_2SO_4 \xrightarrow{\triangle} Br_2 + SO_2\uparrow + 2H_2O$$

醇与氢溴酸的反应是可逆的，为使化学平衡向右移动，提高产率，本实验中增加了溴化钠和硫酸用量，以使反应物之一氢溴酸过量来加速正反应的进行。

溴代反应结束后，利用蒸馏的方法将产物从反应混合液中分出，副产物硫酸氢钠及过量的硫酸则留在残液中。粗产物中含有未反应完全的正丁醇、氢溴酸及副产物正丁醚等，可通过水洗和酸洗分离除去，而少量的 1-丁烯则因沸点低，在回流过程中不能被冷凝逸散而去。

由于反应中逸出的溴化氢气体有毒，所以本实验中采用了带有气体吸收的回流装置。

## 【实验用品】

正丁醇　溴化钠　浓硫酸　氢氧化钠溶液（5%）　碳酸钠溶液（1%）　硫酸溶液（70%）　无水氯化钙　沸石

玻璃漏斗（φ50mm）　圆底烧瓶（100mL）　分液漏斗（100mL）　烧杯（200mL）　电热套（或电炉与调压器）　温度计（200℃）　锥形瓶（100mL）　直形冷凝管　球形冷凝管　接液管　蒸馏头　托盘天平

## 【实验步骤】

### 1. 溴代

在 100mL 圆底烧瓶中加入 35mL 硫酸溶液，振摇下加入 13mL 正丁醇，混匀后再加入 17g 研细的溴化钠和几粒沸石。充分振摇后立刻装上球形冷凝管及气体吸收装置〔参照图 4-4(b)〕。用 200mL 烧杯盛放 100mL 氢氧化钠溶液作吸收液（注意：漏斗口要接近液面而不能浸入液面下）。

用电热套（或石棉网）加热，缓慢升温，使反应液呈微沸。此间应经常轻轻振摇烧瓶，直至溴化钠完全溶解。从第一滴回流液落入反应器中开始计算时间，回流 1h。

### 2．蒸馏

停止加热（但暂时不停冷却水）。待稍冷后拆除气体吸收装置及冷凝管。补加沸石后，在烧瓶上安装蒸馏头（可不装温度计，将蒸馏头上口用塞子塞上）或蒸馏弯头，改为蒸馏装置，加热蒸馏，用锥形瓶接收馏出液。

当圆底烧瓶内油层消失，接收器中不再有油珠落下时[1]，停止蒸馏。烧瓶中的残液应趁热倒入废液缸中[2]。

### 3．水洗

将蒸出的粗 1-溴丁烷倒入分液漏斗中，用 15mL 水洗涤[3]，小心地将下层粗产物放入干燥的锥形瓶中。

### 4．酸洗

在不断振摇下，向盛有粗产物的锥形瓶中滴加 3～5mL 浓硫酸[4]，至溶液明显分层且上层液澄清透明（此间若瓶壁发热，可置冷水中冷却）。将此混合液倒入干燥的分液漏斗中，静置分层后，仔细地分去下层酸液[5]。

### 5．水洗、碱洗、水洗

将分液漏斗中的有机层依次用 10mL 水、15mL 碳酸钠溶液、10mL 水洗涤后，将下层液放入一干燥的锥形瓶中。

### 6．干燥

向盛有粗产物的锥形瓶中加入 2g 无水氯化钙，配上塞子。充分振摇至液体变为澄清透明（若不透明，应适量补加干燥剂），再放置 20min。

### 7．蒸馏

将干燥好的液体通过漏斗滤入圆底烧瓶中，加入几粒沸石，参照图 2-15 安装一套干燥的普通蒸馏装置，加热蒸馏。用事先称量过质量的锥形瓶作接收器，收集 99～103℃馏分。称量质量并计算产率。

**【注释】**

[1] 可取一支试管，收集几滴馏出液，加入少许水摇动，如无油珠出现，则表示有机物已蒸完。

[2] 残液中的硫酸氢钠冷却后会结块，不易倒出。所以要趁热将其倾出，并及时清洗烧瓶。

[3] 用水洗去溶解在溴丁烷中的溴化氢。否则滴加浓硫酸后，溶液会变成红色并有白烟产生，这是由于浓硫酸与溴化氢发生了氧化还原反应：

$$2HBr + H_2SO_4 \longrightarrow Br_2 + SO_2 \uparrow + 2H_2O$$

[4] 用浓硫酸洗去粗产物中少量未反应完全的正丁醇和副产物正丁醚等杂质。

[5] 浓硫酸具有较强的氧化性和腐蚀性，所以该酸层不能随意倒入下水道，应倒入指定的废液缸中。

**【实验指南与安全提示】**

1．注意：1-溴丁烷有毒，不要与皮肤直接接触！

2．回流过程中，振摇烧瓶时应注意保护气体吸收装置。

3．本实验的粗产物在分液漏斗中进行洗涤和分离操作的次数较多，每一次分离前必须明确产品在哪一层。为预防造成不可弥补的损失，应将所有液层都保留到实验结束。整个洗涤过程中，静置要充分，分离要完全，以确保实验产率。

4. 最后一步蒸馏要求全套仪器必须干燥，否则蒸出的产品将出现浑浊。可在第一次蒸馏后立即清洗仪器并送入烘箱干燥，也可另备一套干燥的仪器。

**【思考题】**

1. 加入物料时，是否可以先将溴化钠与硫酸混合，然后再加入正丁醇？为什么？

2. 加热回流时，烧瓶内有时会出现红棕色，为什么？

3. 在用碳酸钠溶液洗涤粗产物之前，为什么要先用水洗？用碳酸钠溶液洗涤时，要特别注意什么问题？

4. 在本实验的气体吸收装置中，为什么要用氢氧化钠溶液作吸收液？

**【预习指导】**

1. 查阅有关资料，填写下表。

| 品　名 | $M/(g/mol)$ | 沸点/℃ | $\rho/(g/cm^3)$ | 水溶性 | 使用规格 | 投料量 质量/g(体积/mL) | 投料量 物质的量/mol | 理论产量 |
|---|---|---|---|---|---|---|---|---|
| 正丁醇 | | | | | — | | | — |
| 溴化钠 | | — | | | | | | |
| 硫酸溶液 | — | — | | | | | | |
| 碳酸钠溶液 | — | — | | | | | | |
| 硫酸 | — | | | | | | | |
| 1-溴丁烷 | | | | | | | | |

2. 做本实验前，请认真阅读本章第二节中"带有气体吸收的回流装置""回流操作程序"、第二章第二节中"液体物质的干燥"、第四节"萃取与洗涤"和第六节"普通蒸馏"等内容，并熟悉下列操作流程示意图。

制备 1-溴丁烷的操作流程示意图：

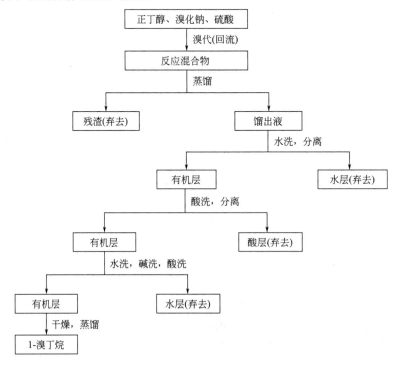

# 实验 4-3　阿司匹林的制备

**【目的要求】**

　　1. 熟悉酚羟基酰化反应的原理，掌握阿司匹林的制备方法；

　　2. 掌握利用重结晶精制固体产品的操作技术。

**【实验原理】**

　　水杨酸是一个具有羧基和酚羟基的双官能团化合物，能进行两种不同的酯化反应。当其羧基与甲醇作用时，生成水杨酸甲酯，俗称冬青油（是冬青树的香味成分）。如果用乙酸酐作酰化剂，就可与其酚羟基反应生成乙酰水杨酸，即阿司匹林。

　　阿司匹林为白色晶体，熔点 135℃，微溶于水（37℃时，$1g/100g\ H_2O$）。阿司匹林是一种广泛使用的解热、镇痛与抗炎药物。近年来，科学家还新发现了阿司匹林具有预防心脑血管疾病的作用，因而得到高度重视。

　　本实验以浓硫酸为催化剂，使水杨酸与乙酸酐发生酰化反应，制取阿司匹林。反应式如下：

$$
\underset{\text{水杨酸}}{\ce{COOH \\ OH}} + \underset{\text{乙酸酐}}{\ce{(CH3CO)2O}} \xrightarrow[-75℃]{\text{浓 } H_2SO_4} \underset{\text{乙酰水杨酸}}{\ce{COOH \\ OCCH3}} + \underset{\text{乙酸}}{\ce{CH3COOH}}
$$

　　水杨酸在酸性条件下受热，还可发生缩合反应，生成少量聚合物：

$$
\ce{COOH \\ OH} \xrightarrow[\triangle]{H^+} \cdots \quad + H_2O
$$

　　阿司匹林可与碳酸氢钠反应生成水溶性的钠盐，作为杂质的副产物则不能与碱作用，可在用碳酸氢钠溶液进行重结晶时分离除去。

**【实验用品】**

　　水杨酸　乙酸酐　浓硫酸　盐酸溶液（1+2）　饱和碳酸氢钠溶液

　　圆底烧瓶（100mL）　球形冷凝管　减压过滤装置　电炉与调压器　水浴锅　托盘天平　温度计（100℃）　烧杯（100mL、200mL）　表面皿

**【实验步骤】**

　　**1. 酰化**

　　在 100mL 干燥的圆底烧瓶中加入 4g 水杨酸和 10mL 新蒸馏的乙酸酐，在不断振摇下缓慢滴加 10 滴浓硫酸[1]。安装回流冷凝管，通水后，振摇烧瓶使水杨酸溶解。然后于水浴中加热，控制水浴温度在 80～85℃[2]，反应 20min。

### 2. 结晶、抽滤

稍冷后，拆下冷凝管。将反应液在搅拌下倒入盛有 100mL 冷水的烧杯中，并用冰-水浴冷却，放置 20min。待结晶完全析出后，减压过滤。用少量冷水洗涤结晶两次，压紧抽干。

将滤饼移至表面皿上，晾干、称量质量。

### 3. 重结晶

将粗产物放入 100mL 烧杯中，加入 50mL 饱和碳酸氢钠溶液并不断搅拌，直至无二氧化碳气泡产生为止。

减压过滤，除去不溶性杂质。滤液倒入洁净的 200mL 烧杯中，在搅拌下加入 30mL 1+2 的盐酸溶液，阿司匹林即呈沉淀析出。将烧杯置于冰-水浴中充分冷却后，减压过滤。用少量冷水洗涤滤饼两次，抽干。

### 4. 称量、计算收率

将结晶小心转移至洁净的表面皿上，晾干后称量，并计算收率。

### 【注释】

[1] 水杨酸分子内能形成氢键，阻碍酚羟基的酰化反应。加入浓硫酸可破坏氢键，使反应顺利进行。

[2] 水浴温度与烧瓶内反应液的温度约差 5~10℃，控制水浴温度 80~85℃，可使反应在 75~80℃进行。若室温较低，可适当提高水浴温度。

### 【实验指南与安全提示】

1. 乙酸酐有毒并有较强烈的刺激性！取用时应注意不要与皮肤直接接触，同时防止吸入大量蒸气。物料加入烧瓶后，应尽快安装冷凝管，冷凝管内事先接通冷却水。

2. 由于阿司匹林微溶于水，所以洗涤结晶时，用水量要少些，温度要低些，以减少产品损失。

3. 浓硫酸具有强腐蚀性，应避免触及皮肤或衣物。

### 【思考题】

1. 制备阿司匹林时，为什么需要使用干燥的仪器？

2. 本实验中，为什么要将反应温度控制在 70~80℃？温度过高对实验会有什么影响？

3. 用什么方法可简便地检验产品中是否含有未反应完全的水杨酸？

### 【预习指导】

1. 查阅有关资料，填写下表。

| 品　名 | $M/(g/mol)$ | 熔点/℃ | 沸点/℃ | $\rho/(g/cm^3)$ | 水溶性 | 使用规格 | 投　料　量 质量/g(体积/mL) | 物质的量/mol | 理论产量 |
|---|---|---|---|---|---|---|---|---|---|
| 水杨酸 | | | — | | | | | — | — |
| 乙酸酐 | | — | | | | | | — | — |
| 硫酸 | | — | | | | | | — | — |
| 盐酸溶液 | — | — | — | | | | | — | — |
| 碳酸氢钠溶液 | — | — | — | | | | | — | — |
| 乙酰水杨酸 | | | — | | | | | — | — |

2. 做本实验前，请认真阅读本章第二节中"普通回流装置""回流操作要点"、第二章第五节中"重结晶"和"减压过滤"等内容，并熟悉下列操作流程示意图。

制备阿司匹林的操作流程示意图：

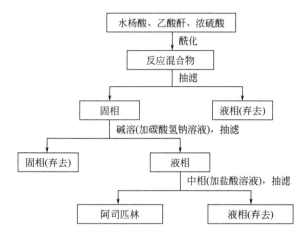

## 小资料

### 阿司匹林

早在18世纪时，人们就已从柳树中提取了水杨酸，并发现它具有解热、镇痛和消炎作用，但其刺激口腔及胃肠道黏膜。水杨酸可与乙酸酐反应生成乙酰水杨酸，即阿司匹林，它具有与水杨酸同样的药效。近年来，科学家还新发现了阿司匹林具有预防心脑血管疾病的作用，因而得到高度重视。

# 实验 4-4  β-萘乙醚的制备

## 【目的要求】

1. 熟悉威廉逊法制备混醚的原理，掌握 β-萘乙醚的制备方法；
2. 熟练掌握利用重结晶精制固体粗产物的操作技术。

## 【实验原理】

β-萘乙醚是白色片状晶体，熔点为 37℃，不溶于水，易溶于醇、醚等有机溶剂。常用作玫瑰香、薰衣草香和柠檬香等香精的定香剂，也广泛用作肥皂中的香料。

本实验中采用威廉逊合成法，用 β-萘酚钠和溴乙烷在乙醇中反应制取 β-萘乙醚。反应式如下：

## 【实验用品】

乙醇（95%）    氢氧化钠    无水乙醇    溴乙烷    $\beta$-萘酚

烧杯（200mL、100mL）    圆底烧瓶（100mL）    锥形瓶（100mL）    减压过滤装置

电炉与调压器    球形冷凝管    表面皿    烧杯    托盘天平    水浴锅

## 【实验步骤】

### 1. 威廉逊合成

在干燥的 100mL 圆底烧瓶中，加入 5g $\beta$-萘酚、30mL 无水乙醇和 2g 研细的氢氧化钠[1]，振摇下加入 3.2mL 溴乙烷。安装回流冷凝管，用水浴加热，保持微沸回流 1.5h[2]。

### 2. 分离

稍冷，拆除装置。在搅拌下，将反应混合液倒入盛有 200mL 冷水的烧杯中，在冰-水浴中冷却后减压过滤。用 20mL 冷水分两次洗涤沉淀。

### 3. 结晶

将沉淀移入 100mL 锥形瓶中，加入 20mL 95%乙醇溶液，装上回流冷凝管[3]，在水浴中加热，保持微沸 5min。撤去水浴，待冷却后，拆除装置。将锥形瓶置于冰-水浴中充分冷却后，抽滤。滤饼移至表面皿上，自然晾干后称量质量并计算产率。

## 【注释】

[1] 也可使用氢氧化钾。

[2] 水浴温度不宜太高，以保持反应液微沸即可，否则溴乙烷可能逸出。

[3] 乙醇易挥发，所以加热溶液时应装上冷凝管。

## 【实验指南与安全提示】

注意：溴乙烷和 $\beta$-萘酚都是有毒物品，应避免吸入其蒸气或直接与皮肤接触！

## 【思考题】

1. 威廉逊合成反应为什么要使用干燥的玻璃仪器？否则会增加何种副产物的生成？

2. 可否用乙醇和 $\beta$-溴萘制备 $\beta$-萘乙醚？为什么？

3. 本实验中，加入的无水乙醇起什么作用？

## 【预习指导】

1. 查阅有关资料，填写下表。

| 品　名 | $M/(\text{g/mol})$ | 熔点/℃ | 沸点/℃ | $\rho/(\text{g/cm}^3)$ | 水溶性 | 使用规格 | 投　料　量 | | 理论产量 |
|---|---|---|---|---|---|---|---|---|---|
| | | | | | | | 质量 /g（体积/mL） | 物质的量 /mol | |
| $\beta$-萘酚 | | | — | | | — | | | |
| 溴乙烷 | | | — | | | — | | | |
| 氢氧化钠 | | | — | | | — | | | |
| 无水乙醇 | | | | | | — | | | |
| 乙醇 | | — | | | | — | | | |
| $\beta$-萘乙醚 | | | | | | — | | | |

2. 做本实验前，请认真阅读本章第二节中"普通回流装置""回流操作要点"、第二章第五节中"重结晶"和"减压过滤"等内容，并熟悉下列操作流程示意图。

制备 $\beta$-萘乙醚的操作流程示意图：

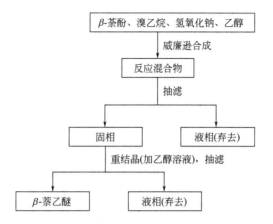

### 定香剂

　　日常生活中经常使用的香水、香皂和化妆品等都含有各种各样的香料。有些香料虽然香气宜人，但却容易挥发，放置时间稍长香味就会消失。这时常需加入某种能减缓其挥发速度，使产品在较长时间内保持香气的物质，这种物质称为定香剂。$\beta$-萘乙醚就是这样一种定香剂。由于其具有橙花和洋槐花香味，所以又称橙花醚。

# * 实验 4-5　苯甲醇和苯甲酸的制备

【目的要求】

　　1. 熟悉应用康尼查罗反应，从苯甲醛制备苯甲酸与苯甲醇的原理与方法；

　　2. 掌握搅拌、萃取、普通蒸馏和减压蒸馏等基本操作技能。

【实验原理】

　　不含 $\alpha$-氢原子的醛类在浓碱作用下自身同时发生氧化还原作用，生成相应的羧酸（在碱溶液中生成羧酸盐）和醇的反应称为康尼查罗反应。本实验中以苯甲醛为原料，通过康尼查罗反应制取苯甲醇和苯甲酸，反应式如下：

$$2C_6H_5CHO \xrightarrow{NaOH} C_6H_5COONa + C_6H_5CH_2OH$$

$$C_6H_5COONa + HCl \longrightarrow C_6H_5COOH + NaCl$$

【实验用品】

　　饱和亚硫酸氢钠溶液　无水硫酸镁　氢氧化钠　苯甲醛　浓盐酸　乙醚　碳酸钠溶液（10%）

　　磨口锥形瓶（150mL）　蒸馏烧瓶（100mL）　直形冷凝管　空气冷凝管　抽滤瓶　布氏漏斗　分液漏斗　水浴锅　烧杯（100mL、250mL）　量筒（50mL）　酒精灯　石棉网　接液管　温度计（250℃）　托盘天平

## 【实验步骤】

### 1. 歧化反应

在烧杯中加入 11mL 水和 6.48g 固体氢氧化钠，搅拌使之溶解，在冷水浴中冷却至 25℃以下。

量取 12mL 新蒸馏过的苯甲醛，放入磨口锥形瓶中，再加入上述氢氧化钠溶液。用磨口塞将烧瓶塞紧，振摇混合物使之充分混合，形成乳浊液。将混合物在室温静置 24h 或更长时间。反应结束时，应不再有苯甲醛气味。

### 2. 萃取苯甲醇

向上述反应混合物中加入 40～45mL 水，使白色沉淀物溶解（可以稍微温热或搅拌以助溶解）。将溶液倒入分液漏斗中，用 30mL 乙醚分 3 次萃取该溶液（注意：要保存好分出的下层水溶液，供制取苯甲酸用）。合并乙醚提取液，在分液漏斗中依次用 5mL 饱和亚硫酸氢钠溶液[1]及 10mL 冷水洗涤。洗涤后的乙醚萃取液倒入干燥的锥形瓶中，用适量无水硫酸镁干燥。

安装普通蒸馏装置，将经过干燥后的乙醚溶液，先在热水浴上加热，蒸出乙醚。待蒸馏后剩余液体冷却后，改用空气冷凝管，在石棉网上加热蒸馏，收集 198～204℃的馏液。称量，计算产率。

### 3. 制取苯甲酸

在 250mL 烧杯中放入 40mL 水和 250g 碎冰，再加入 40mL 浓盐酸搅拌均匀，然后将上述乙醚萃取时分出的水溶液，在不断搅拌下，以细流状慢慢地加入该盐酸溶液中[2]。冷却至室温后，减压过滤，滤饼尽量压干，用 5mL 冷水洗涤后，再次抽滤，用滤纸吸干。取出经烘干后称量质量，计算产率[3]。

### 4. 精制苯甲酸

将粗制苯甲酸放入 250mL 烧杯中，加 100～150mL 水[4]，加热至沸腾，使固体溶解（若有少量固体未溶解，可逐渐补加少量水）。待溶液冷却、结晶后，减压过滤，固体烘干后称量质量，计算产率。

## 【注释】

[1] 加亚硫酸氢钠溶液用于洗去未反应的苯甲醛。
[2] 盐酸用于将苯甲酸钠酸化为苯甲酸。
[3] 如实验时间不足，可在此结束实验。
[4] 重结晶实际用水量，应视产品量多少而有所不同。

## 【实验指南与安全提示】

1. 苯甲醇大量附着皮肤上时，有较强毒性，不要触及皮肤。
2. 苯甲醛对神经有麻醉作用，对皮肤有刺激性。不要触及皮肤。
3. 乙醚有麻醉性和刺激性。防止吸入或摄入。易燃，不要接触明火。
4. 氢氧化钠是强碱，对人体组织的腐蚀性很大，不要吸入，不要触及皮肤。

## 【思考题】

1. 为什么要使用新蒸馏过的苯甲醛？久置的苯甲醛有何杂质？对反应有何影响？
2. 用饱和亚硫酸氢钠可以洗涤产品中何种杂质？为什么？
3. 用 10% 碳酸钠溶液可以洗涤产品中何种杂质？为什么？

## 【预习指导】

1. 查阅有关资料，填写下表。

| 品　名 | $M/(g/mol)$ | 熔点/℃ | 沸点/℃ | $\rho/(g/cm^3)$ | 水溶性 | 使用规格 | 投　料　量 | | 理论产量 |
| --- | --- | --- | --- | --- | --- | --- | --- | --- | --- |
| | | | | | | | 质量<br>/g(体积/mL) | 物质的量<br>/mol | |
| 亚硫酸氢钠溶液 | — | — | | — | | | — | — | — |
| 碳酸钠溶液 | — | — | | — | | | — | — | — |
| 氢氧化钠 | | | | | | | | | |
| 盐酸 | — | — | | — | | | | — | — |
| 乙醚 | | | | | | | | — | — |
| 苯甲醛 | | | | | | | | | — |
| 苯甲酸 | | | | — | | | — | — | — |
| 苯甲醇 | | | | | | | — | — | |

2. 做本实验前，请认真阅读第二章第二节中的"液体物质的干燥"、第四节"萃取与洗涤"、第五节中"重结晶"和"减压过滤"以及第六节"普通蒸馏"等内容，并熟悉下列操作流程示意图。

制备苯甲醇和苯甲酸的操作流程示意图：

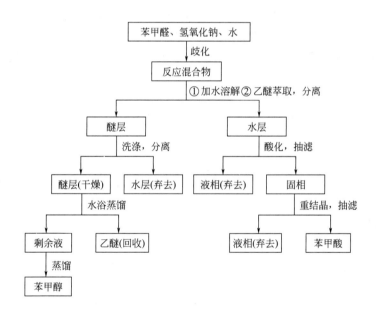

# * 实验 4-6　肉桂酸的制备

**【目的要求】**

1. 熟悉缩合反应原理，掌握肉桂酸的制备方法；
2. 熟悉利用水蒸气蒸馏精制固体有机物的操作方法；
3. 熟练掌握重结晶操作。

**【实验原理】**

肉桂酸又称桂皮酸，化学名称为 $\beta$-苯丙烯酸。是白色针状晶体，熔点133℃，不溶于冷水，可溶于热水及醇、醚等有机溶剂。主要用作制备紫丁香型香精和医药的中间体。

本实验用苯甲醛和乙酸酐在无水碳酸钾存在下发生缩合反应制取肉桂酸。反应式如下：

反应产物中混有少量未反应的苯甲醛，可通过水蒸气蒸馏将其除去。

## 【实验用品】

苯甲醛　乙酸酐　氢氧化钠溶液（10%）　无水碳酸钾　刚果红试纸　活性炭　甘油

三口烧瓶（250mL）　电热套（或油浴锅）　水蒸气蒸馏装置　空气冷凝管　减压过滤装置　温度计（200℃）　烧杯（250mL）　盐酸溶液（1+3）　保温漏斗　表面皿　托盘天平

## 【实验步骤】

### 1. 缩合

在干燥的三口烧瓶中加入 3mL 新蒸馏过的苯甲醛[1]、8mL 新蒸馏过的乙酸酐[2]和4.2g 研细的无水碳酸钾。摇匀后在三口烧瓶中口安装空气冷凝管，一侧口安装温度计，其汞球应插入液面下，另一侧口配上塞子。用电热套或甘油浴加热，使反应液温度缓慢升至140℃[3]，并在此温度下回流 30min。

### 2. 水蒸气蒸馏

参照图 2-17 安装一套水蒸气蒸馏装置，对三口烧瓶中的反应混合物进行水蒸气蒸馏，直至馏出液无油珠为止。

### 3. 中和、抽滤

取下三口烧瓶，向其中加入 20mL 氢氧化钠溶液，振摇，使肉桂酸全部生成钠盐而溶解。抽滤，滤液倾入 250mL 烧杯中，冷却至室温。

### 4. 酸化、抽滤

在搅拌下向上述烧杯中缓慢加入盐酸溶液，至刚果红试纸变蓝。于冰-水浴中充分冷却后抽滤。用少量冷水洗涤滤饼，压紧抽干后，转移至表面皿上晾干，称量质量并计算产率。也可视情况用沸水进行重结晶[4]。

## 【注释】

[1] 苯甲醛久置后，由于自动氧化而有苯甲酸生成。这不仅影响反应的进行，而且混在产品中不易除去，影响产品质量。因此本实验所用的苯甲醛应预先蒸馏，接收 176～180℃馏分。

[2] 乙酸酐在放置时因吸潮和水解而有乙酸生成，因此本实验所用的乙酸酐应在使用前进行蒸馏，接收 137～140℃馏分（苯甲醛与乙酸酐的蒸馏工作可事先由实验教师完成）。

[3] 此时，由于有二氧化碳气体放出，烧瓶内会有大量气泡产生。随着反应的进行，气泡会自行消失。

[4] 重结晶时，可按 1.0g 产品加 50mL 水的比例加入水，加热溶解后，稍冷，再加入 1g 活性炭，煮沸。趁热过滤，滤液在冰-水浴中充分冷却后抽滤。

## 【实验指南与安全提示】

1. 乙酸酐有毒，并有较强的刺激性，使用时应注意安全，避免其蒸气吸入体内！

2. 缩合反应宜缓慢升温，以防苯甲醛氧化。

3. 水蒸气蒸馏所用热水应事先烧好，以便节省实验时间。

**【思考题】**

1. 在本实验所用的回流装置中，为什么采用空气冷凝管？

2. 缩合反应之后，为什么要用水蒸气蒸馏的方法来除去苯甲醛？

3. 加盐酸酸化时，发生了什么反应？试写出反应方程式。

**【预习指导】**

1. 查阅有关资料，填写下表。

| 品　名 | $M$/(g/mol) | 熔点/℃ | 沸点/℃ | $\rho$/(g/cm³) | 水溶性 | 使用规格 | 投　料　量 | | 理论产量 |
| --- | --- | --- | --- | --- | --- | --- | --- | --- | --- |
| | | | | | | | 质量/g(体积/mL) | 物质的量/mol | |
| 苯甲醛 | | — | | | | — | | | — |
| 乙酸酐 | | — | | | | — | | | — |
| 碳酸钾 | | | | | | | | — | — |
| 氢氧化钠溶液 | — | — | — | — | | | | — | — |
| 盐酸溶液 | — | — | — | — | | | | — | — |
| 肉桂酸 | | | — | — | — | — | — | — | |

2. 做本实验前，请认真阅读本章第二节中"普通回流装置""回流操作要点"、第二章第五节中"重结晶"和"减压过滤"以及第八节"水蒸气蒸馏"等内容，并熟悉下列操作流程示意图。

制备肉桂酸的操作流程示意图：

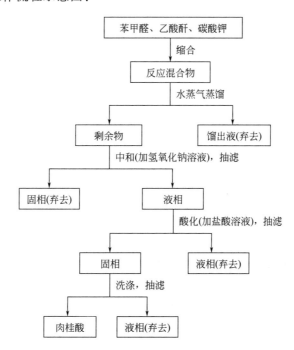

# 实验 4-7　乙酸异戊酯的制备

## 【目的要求】

1. 熟悉酯化反应原理，掌握乙酸异戊酯的制备方法；
2. 掌握带有分水器的回流装置的安装与操作；
3. 熟悉分液漏斗的使用方法，掌握利用萃取与蒸馏精制液体有机物的操作技术。

## 【实验原理】

乙酸异戊酯是一种香精，因具有令人愉快的香蕉气味，又称做香蕉油，为无色透明液体，沸点 142℃，不溶于水，易溶于醇、醚等有机溶剂。

本实验采用冰醋酸和异戊醇在浓硫酸催化下发生酯化反应制取乙酸异戊酯。反应式如下：

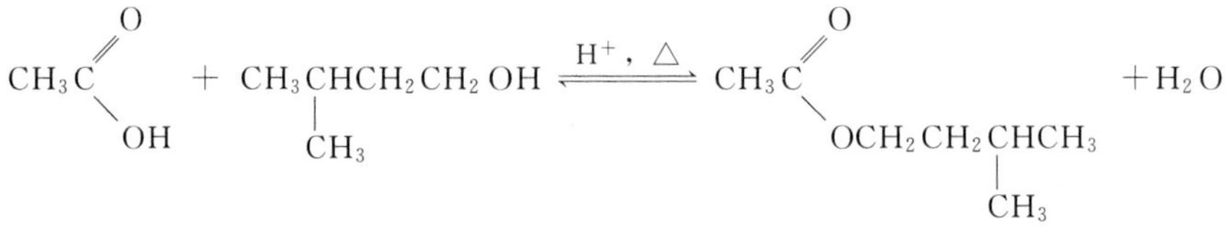

$$CH_3C\overset{O}{\underset{OH}{\big\langle}} + CH_3CHCH_2CH_2OH \underset{}{\overset{H^+,\ \triangle}{\rightleftharpoons}} CH_3C\overset{O}{\underset{OCH_2CH_2CHCH_3}{\big\langle}} + H_2O$$

$$\underset{CH_3}{} \qquad\qquad \underset{CH_3}{}$$

　　　乙酸　　　　　　异戊醇　　　　　　　乙酸异戊酯

由于酯化反应是可逆的，本实验中除了让反应物之一冰醋酸过量外，还采用了带有分水器的回流装置，使反应中生成的水被及时分出，以破坏平衡，使反应向正方向进行。

反应混合物中的硫酸、过量的乙酸及未反应完全的异戊醇，可用水进行洗涤；残余的酸用碳酸氢钠中和除去；副产物醚类在最后的蒸馏中予以分离。

## 【实验用品】

冰醋酸　异戊醇　浓硫酸　碳酸氢钠溶液（10％）　　氯化钠溶液（饱和）　　无水硫酸镁　沸石

圆底烧瓶（100mL）　球形冷凝管　分液漏斗（100mL）　锥形瓶（100mL）　电热套（或油浴锅）　温度计（200℃）　直形冷凝管　分水器　蒸馏头　接液管　托盘天平

## 【实验步骤】

### 1. 酯化

在干燥的 100mL 圆底烧瓶中，加入 18mL 异戊醇、24mL 冰醋酸，振摇下缓慢加入 2.5mL 浓硫酸，再加入几粒沸石。参照图 4-3 安装带有分水器的回流装置。分水器中事先充水至比支管口略低处，并放出比理论出水量稍多些的水[1]。用电热套或甘油浴加热回流，至分水器中水层不再增加为止[2]。反应约需 1.5h。

### 2. 洗涤

撤去热源，稍冷后拆除回流装置。待烧瓶中反应液冷却至室温后，将其倒入分液漏斗中（注意勿将沸石倒入！），用 30mL 冷水淋洗烧瓶内壁，洗涤液并入分液漏斗。充分振摇后静置。待液层分界清晰后，移去顶塞（或将塞孔对准漏斗孔），缓慢旋开旋塞，分去水层。有机层用 20mL 碳酸氢钠溶液分两次洗涤。最后再用饱和氯化钠溶液洗涤一次[3]。分去水层，有机层由分液漏斗上口倒入干燥的锥形瓶中。

### 3. 干燥

向盛有粗产物的锥形瓶中加 2g 无水硫酸镁，配上塞子，振摇至液体澄清透明[4]，放置 20min。

### 4. 蒸馏

参照图 2-15 安装一套干燥的普通蒸馏装置。将干燥好的粗酯小心地滤入烧瓶中，放入几粒沸石，用电热套（或甘油浴）加热蒸馏，用干燥并事先称量其质量的锥形瓶收集 138～142℃馏分，称量质量并计算产率。

【注释】

[1] 分水器内充水是为了使回流液在此分层后，上面的有机层能顺利地返回反应容器中。

[2] 可根据分出水量初步估计酯化反应进行的程度。

[3] 加饱和食盐水有利于有机层与水层快速、明显地分层。

[4] 若液体仍浑浊不清，需适量补加干燥剂。

【实验指南与安全提示】

1. 加浓硫酸时，若瓶壁发热，可将烧瓶置于冷水浴中冷却，以防异戊醇被氧化。浓硫酸具有强腐蚀性，应避免触及皮肤或衣物。

2. 分液漏斗在使用前，必须涂油试漏，以防洗涤时漏液，造成产品损失。

3. 注意：碱洗时，应及时排出生成的二氧化碳气体，以防气体冲出，损失产品。

4. 分离时，应将各层液体都保留到实验结束，当确认无误后，方可弃去杂质层。

5. 拆除回流装置后，应立即将圆底烧瓶洗净，放入烘箱烘干，以备蒸馏时使用。

6. 冰醋酸具有强烈刺激性，应避免吸入其蒸气！

【思考题】

1. 制备乙酸异戊酯时，回流和蒸馏装置为什么必须使用干燥的仪器？

2. 碱洗时，为什么会有二氧化碳气体产生？

3. 在分液漏斗中进行洗涤操作时，粗产品始终在哪一层？

4. 酯化反应时，可能会发生哪些副反应？其副产物是如何除去的？

5. 酯化反应时，若实际出水量超过理论出水量，可能是什么原因造成的？

【预习指导】

1. 计算本实验中酯化反应的理论出水量。

2. 查阅有关资料，填写下表。

| 品　名 | $M/(g/mol)$ | 沸点/℃ | $\rho/(g/cm^3)$ | 水溶性 | 使用规格 | 投 料 量 | | 理论产量 |
| | | | | | | 质量/g(体积/mL) | 物质的量/mol | |
| 异戊醇 | | | | | — | | | — |
| 冰醋酸 | | | | | — | | | — |
| 硫酸 | — | — | | | | | | — |
| 碳酸氢钠溶液 | — | — | — | — | | | | — |
| 氯化钠溶液 | — | — | — | — | | | | — |
| 乙酸异戊酯 | | | | | — | | | |

3. 做本实验前，请认真阅读本章第二节中"带有分水器的回流装置""回流操作要点"、第二章第二节中"液体物质的干燥"、第四节"萃取与洗涤"和第六节"普通蒸馏"等内容，并熟悉下列操作流程示意图。

制备乙酸异戊酯的操作流程示意图：

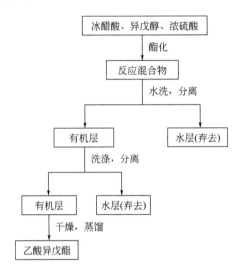

**小资料**

### 酯　类

酯类广泛地分布于自然界中。花果的芳香气味大多是由于酯的存在而引起的，许多昆虫信息素的主要成分也是低级酯类。乙酸异戊酯就存在于蜜蜂的体液内。蜜蜂在叮刺入侵者时，随毒液分泌出乙酸异戊酯作为响应信息素，使其他同伴"闻信"而来，对入侵者群起攻之。

## 实验 4-8　肥皂的制备

**【目的要求】**

1. 了解皂化反应原理及肥皂的制备方法；
2. 熟练掌握普通回流装置的安装与操作方法；
3. 熟悉盐析原理，熟练掌握沉淀的洗涤及减压过滤操作技术。

**【实验原理】**

动物脂肪的主要成分是高级脂肪酸甘油酯。将其与氢氧化钠溶液共热，就会发生碱性水解（皂化反应），生成高级脂肪酸钠（即肥皂）和甘油。在反应混合液中加入溶解度较大的无机盐，以降低水对有机酸盐（肥皂）的溶解作用，可使肥皂较为完全地从溶液中析出，这一过程称为盐析。利用盐析的原理，可将肥皂和甘油较好地分离开。

本实验中以猪油为原料制取肥皂。反应式如下：

$$
\begin{array}{c}
\underset{\text{甘油三羧酸酯}}{
\begin{array}{l}
R^1C\!-\!O\!-\!CH_2 \\
\quad\\
R^2C\!-\!O\!-\!CH \\
\quad\\
R^3C\!-\!O\!-\!CH_2
\end{array}}
\ \xrightarrow[\triangle]{NaOH/H_2O}\ 
\underset{\text{肥皂}}{
\begin{array}{l}
R^1COONa \\
R^2COONa \\
R^3COONa
\end{array}}
\ +\ 
\underset{\text{甘油}}{
\begin{array}{c}
CH_2\!-\!CH\!-\!CH_2 \\
\ \ |\quad\ |\quad\ | \\
OH\ \ OH\ \ OH
\end{array}}
\end{array}
$$

（三种羧酸钠盐的混合物）

## 【实验用品】

猪油　乙醇（95％）　氢氧化钠溶液（40％）　饱和食盐水

圆底烧瓶（250mL）　烧杯（400mL）　球形冷凝管　减压过滤装置　电热套　托盘天平

## 【实验步骤】

### 1. 皂化

在圆底烧瓶中加入 5g 猪油、15mL 95％乙醇[1]和 15mL 40％氢氧化钠溶液。按图 4-1 安装普通回流装置。用电热套加热，保持微沸 40min。此间若烧瓶内产生大量泡沫，可从冷凝管上口滴加少量 1∶1 的乙醇和氢氧化钠混合液，以防泡沫冲入冷凝管中。

### 2. 盐析分离

皂化反应结束后[2]，趁热将反应混合液倒入盛有 150mL 饱和食盐水的烧杯中[3]，静置冷却。将充分冷却后的皂化液倒入布氏漏斗中，减压过滤。用冷水洗涤沉淀两次[4]，抽干。

### 3. 干燥称量

滤饼取出后，随意压制成型，自然晾干后，称量质量并计算产率[5]。

## 【注释】

[1] 加入乙醇是为了使猪油、碱液和乙醇互溶，成为均相溶液，便于反应进行。

[2] 可用长玻璃管从冷凝管上口插入烧瓶中，蘸取几滴反应液，放入盛有少量热水的试管中，振荡观察，若无油珠出现，说明已皂化完全。否则，需补加碱液，继续加热皂化。

[3] 肥皂和甘油一起在碱水中形成胶体，不便分离。加入饱和食盐水可破坏胶体，使肥皂凝聚并从混合液中离析出来。

[4] 冷水洗涤主要是洗去吸附于肥皂表面的乙醇和碱液。

[5] 猪油的化学式可表示为：$(C_{17}H_{35}COO)_3C_3H_5$。计算产率时，可由此式算出其摩尔质量。

## 【实验指南与安全提示】

1. 实验中应使用新炼制的猪油。因为长期放置的猪油会部分变质，生成醛、羧酸等物质，影响皂化效果。

2. 皂化反应过程中，应始终保持小火加热，以防温度过高，泡沫溢出。

3. 皂化液和准备添加的混合液中乙醇含量较高，易燃烧，应注意防火！

## 【思考题】

1. 肥皂是依据什么原理制备的？除猪油外，还有哪些物质可以用来制备肥皂？试列举两例。

2. 皂化反应后，为什么要进行盐析分离？

3. 本实验中为什么要采用回流装置？

4. 废液中含有副产物甘油，试设计其回收方法。

## 【预习指导】

1. 查阅有关资料，填写下表。

| 品　名 | $M/(\text{g/mol})$ | 沸点/℃ | $\rho/(\text{g/cm}^3)$ | 水溶性 | 使用规格 | 投　料　量 | | 理论产量 |
| --- | --- | --- | --- | --- | --- | --- | --- | --- |
| | | | | | | 质量/g(体积/mL) | 物质的量/mol | |
| 猪油 | | — | — | | | | — | — |
| 乙醇 | | | | | | | — | — |
| 氢氧化钠溶液 | — | — | — | | | | — | — |
| 氯化钠溶液 | — | — | — | | | | — | — |
| 丙三醇 | | | | — | — | | | — |
| 肥皂 | | — | — | | — | | | |

2. 做本实验前，请认真阅读本章第二节中"回流装置""回流操作要点"和第二章第五节中"减压过滤"等内容，并熟悉下列操作流程示意图。

制备肥皂的操作流程示意图：

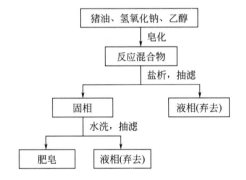

**小资料**

### 肥　皂

　　肥皂是人们常用的去污剂，它的制造历史已长达 2000 年之久。其特点是使用后可生物降解（微生物可将肥皂吃掉，转变成二氧化碳和水），不污染环境。但只适宜在软水中使用。在硬水中使用时，会生成脂肪酸钙盐，以凝乳状沉淀析出，而失去去污除垢能力。

## ＊ 实验 4-9　十二烷基硫酸钠的制备

**【目的要求】**

　　1. 熟悉磺化反应原理，掌握十二烷基硫酸钠[1]的制备方法；

　　2. 基本掌握旋转蒸发器（或减压蒸馏装置）的操作技能。

**【实验原理】**

　　本实验采用十二醇与氯磺酸反应后，用碳酸钠中和后而制得：

$$CH_3(CH_2)_{10}CH_2OH + ClSO_2OH \longrightarrow CH_3(CH_2)_{10}CH_2OSO_2OH + HCl$$

$$2CH_3(CH_2)_{10}CH_2OSO_2OH + Na_2CO_3 \longrightarrow 2CH_3(CH_2)_{10}CH_2OSO_2ONa + H_2O + CO_2$$

【实验用品】

月桂醇　饱和碳酸钠溶液　氯磺酸　碳酸钠　冰醋酸　正丁醇

旋转蒸发器（或减压蒸馏装置）　量筒　玻璃棒　温度计　滴管　分液漏斗　pH 试纸　烧杯（250mL）　托盘天平

【实验步骤】

1. 酯化

在一干燥的烧杯（250mL）中，加入 9.5mL 冰醋酸，控制烧杯内温度为 15℃[2]左右。在不断搅拌下，用干燥的滴管向该烧杯中滴加 3.5mL 氯磺酸（在通风橱内进行），再慢慢加入 10g 月桂醇，继续搅拌约 30min 使反应完成。

2. 中和

将反应混合物倾入盛有 30g 碎冰的烧杯中，搅拌后再加入 30mL 正丁醇，充分搅拌 3min。然后，在搅拌下慢慢加入每份为 3mL 的饱和碳酸钠溶液，直至 pH 值 7～8。再加入 10g 固体碳酸钠，充分搅拌后静置。

3. 分离

将烧杯中的清液移入分液漏斗中，静置分层。分出下层水相，并将其移入另一个分液漏斗中，加入 20mL 正丁醇，充分振摇后静置分层，再次分出下层水相，将上层正丁醇萃取液与第一次分得的上层液合并。

4. 蒸发、干燥

将上述合并后的液体倒入旋转蒸发器（或在减压蒸馏装置）中，蒸去绝大部分溶剂正丁醇[3]，即得到乳白色膏状体。

将产物移入烘箱内干燥（烘箱温度＜80℃）2h 以上。

5. 称量产物质量，计算产率。

【注释】

[1] 十二烷基硫酸钠属阴离子表面活性剂。白色粉末，熔点 24～27℃。有特征气味。易溶于水。对碱、弱酸、硬水均稳定。具有可燃性，120℃ 以上会分解。发泡力强，低温下有良好的洗涤效果。用于制造洗涤剂，具有无毒，可被细菌降解，不污染环境等特点。

[2] 将烧杯放置于冷水浴中，以调控烧杯内温度。必要时可添加冰块调节温度。

[3] 正丁醇的沸点为 117℃，蒸去溶剂的操作，要防止升温过急、过高，避免使瓶内产物烤焦。

【实验指南与安全提示】

1. 氯磺酸为油状腐蚀性液体，在空气中发烟，遇水起剧烈作用，生成硫酸与氯化氢。空气中容许浓度 5mg/m³。使用氯磺酸必须要小心，需戴防护镜与橡胶手套，不可触及皮肤。

2. 干燥产品时，烘箱温度不宜过高，以免发生产物的分解或熔化等。

【思考题】

1. 反应为何要在无水条件下进行？如有水分存在，对反应有什么影响？

2. 加入碳酸钠为何要有碎冰的存在？如何正确地进行该步的操作？

【预习指导】

1. 查阅有关资料，填写下表。

| 品　名 | $M/(g/mol)$ | 熔点/℃ | 沸点/℃ | $\rho/(g/cm^3)$ | $n_D^{20}$ | 水溶性 | 投料量 | | 理论产量 |
|---|---|---|---|---|---|---|---|---|---|
| | | | | | | | 质量/g（体积/mL） | 物质的量/mol | |
| 十二烷基硫酸钠 | | | | | | | | | |
| 月桂醇 | | | | | | | | — | — |
| 氯磺酸 | | | | | | | | — | — |
| 碳酸钠 | | | — | | — | | | | |

2. 做本实验前，请认真熟悉下列操作流程示意图。

制备十二烷基硫酸钠的操作流程示意图：

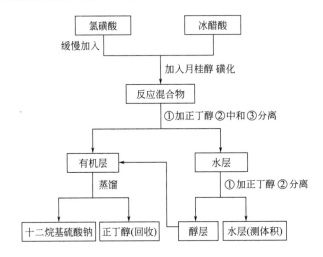

# 实验 4-10　甲基橙的制备

【目的要求】

1. 熟悉重氮化反应及偶联反应的原理与条件，掌握甲基橙的制备方法；

2. 熟悉低温操作技术；

3. 熟练掌握重结晶操作。

【实验原理】

人类使用染料的历史十分悠久。远古时代人们就可从多种植物中提取天然染料。到了 19 世纪，科学家已开始利用化学反应人工合成各种有机染料。其中偶氮染料是由芳香族伯胺发生重氮化反应生成重氮盐，又与芳胺或酚类偶联而成的有色物质。

本实验中以对氨基苯磺酸为原料制备重氮盐，后者再与 $N,N$-二甲苯胺在酸性介质中发生偶联反应，制得一种橙黄色染料，即甲基橙。

对氨基苯磺酸因形成内盐在水中溶解度很小，通常先将其制成钠盐，再进行重氮化反应。

1. 重氮化反应

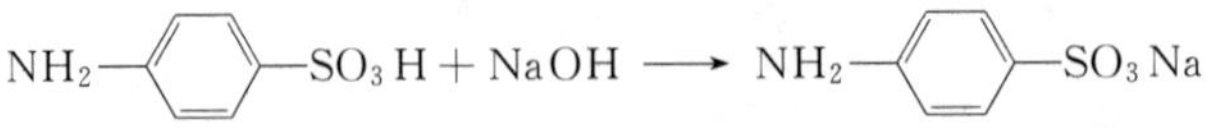

$$NH_2-\!\!\!\!\!\!\bigcirc\!\!\!\!\!\!-SO_3H + NaOH \longrightarrow NH_2-\!\!\!\!\!\!\bigcirc\!\!\!\!\!\!-SO_3Na$$

对氨基苯磺酸　　　　　　　　　　　对氨基苯磺酸钠

$$NaO_3S-\!\!\!\!\!\!\!\bigcirc\!\!\!\!\!\!\!-NH_2 + NaNO_2 + 3HCl \xrightarrow{0\sim5℃} HO_3S-\!\!\!\!\!\!\!\bigcirc\!\!\!\!\!\!\!-N_2Cl + 2NaCl + 2H_2O$$

对重氮苯磺酸盐酸盐

## 2. 偶联反应

$$HO_3S-\!\!\!\!\!\!\!\bigcirc\!\!\!\!\!\!\!-N_2Cl + \bigcirc\!\!\!\!\!\!\!-N(CH_3)_2 \xrightarrow[CH_3COOH]{0\sim5℃}$$

N,N-二甲基苯胺

$$[HO_3S-\!\!\!\!\!\!\!\bigcirc\!\!\!\!\!\!\!-N=\!N-\!\!\!\!\!\!\!\bigcirc\!\!\!\!\!\!\!-\underset{\underset{H}{|}}{N}(CH_3)_2]^+CH_3COO^-$$

甲基橙醋酸盐

$$[HO_3S-\!\!\!\!\!\!\!\bigcirc\!\!\!\!\!\!\!-N=\!N-\!\!\!\!\!\!\!\bigcirc\!\!\!\!\!\!\!-\underset{\underset{H}{|}}{N}(CH_3)_2]^+CH_3COO^- + 2NaOH \longrightarrow$$

$$NaO_3S-\!\!\!\!\!\!\!\bigcirc\!\!\!\!\!\!\!-N=\!N-\!\!\!\!\!\!\!\bigcirc\!\!\!\!\!\!\!-N(CH_3)_2 + CH_3COONa + H_2O$$

甲基橙

甲基橙为鳞状晶体，微溶于水，不溶于乙醇。是常用的酸碱指示剂，在酸性溶液中呈红色，碱性溶液中呈黄色。

大多数重氮盐很不稳定。为防止其在温度高时发生分解，重氮化反应必须在低温和强酸性介质中进行。

## 【实验用品】

对氨基苯磺酸　氢氧化钠溶液（5%）　氯化钠溶液（饱和）　　<i>N,N</i>-二甲苯胺　冰醋酸　无水乙醇　乙醚　稀盐酸　亚硝酸钠　浓盐酸　氯化钠　淀粉-碘化钾试纸

减压过滤装置　烧杯（100mL、200mL）　温度计（100℃）　水浴锅　酒精灯　玻璃棒　表面皿　托盘天平

## 【实验步骤】

### 1. 重氮化

在100mL烧杯中，放入2.1g对氨基苯磺酸及10mL 5%氢氧化钠溶液，在温水浴中加热溶解后冷却至室温。

另取0.8g亚硝酸钠溶于6mL水中，加到上述烧杯中，用冰盐水浴冷却至0～5℃。

在不断搅拌下，将3mL浓盐酸与10mL水配成的溶液缓慢滴加到上述混合液中[1]。此间应注意控制反应液温度在5℃以下（可用温度计间歇测温）。滴加完毕，用淀粉-碘化钾试纸检验反应终点[2]。然后在冰盐水浴中继续搅拌15min，以保证反应完全[3]。

### 2. 偶联

在试管中加入1.3mL <i>N,N</i>-二甲苯胺和1mL冰醋酸，振荡混匀。在不断搅拌下，将此溶液缓慢加到上述冷却的重氮盐溶液中（此间应始终保持低温操作）。继续反应10min，然后慢慢加入25mL 5%氢氧化钠溶液，此时反应液变为橙红色，粗甲基橙呈细粒状沉淀析出。

### 3. 盐析、抽滤

将烧杯从冰盐水浴中取出恢复至室温。加入5g氯化钠，搅拌并于沸水浴中加热5min，冷却至室温后再置于冰-水浴中冷却。

待甲基橙晶体析出完全后，抽滤。用少量饱和氯化钠溶液洗涤烧杯和滤饼，压紧抽干。

### 4．重结晶

将上述粗产物用沸水进行重结晶（每克粗产物约需 25mL 水）。

待结晶析出完全后，抽滤。滤饼依次用少量无水乙醇、乙醚进行洗涤[4]，压紧抽干。产品转移至表面皿上，于 50℃ 以下自然晾干，称量质量，并计算产率。

### 5．性能试验

取少许产品溶解于水中，先加几滴稀盐酸溶液，再用稀氢氧化钠溶液中和。观察溶液颜色变化，记录实验现象。

### 【注释】

[1] 滴加前可将此盐酸溶液冷却至 5℃ 以下，以利控制反应温度。

[2] 若试纸不显蓝色，需补加亚硝酸钠，并充分搅拌，至淀粉-碘化钾试纸刚显蓝色，可视为反应终点。

[3] 此时往往有晶体析出。这是由于重氮盐在水中电离而形成内盐（ $^-O_3S$—⬡—$N\overset{+}{=}N$ ），在低温下难溶于水所致。

[4] 用无水乙醇、乙醚洗涤可使产品快速干燥。

### 【实验指南与安全提示】

1．重氮化和偶联反应都需在低温下进行，这是本实验成败的关键所在。因此整个反应过程中，盛装反应液的烧杯始终不能离开冰盐水浴。

2．用温度计间歇测温时，可暂停搅拌，以免温度计与搅拌棒碰撞而损坏。不能用温度计代替搅拌棒。

3．湿的甲基橙受日光照射时颜色会变深，所以重结晶操作应迅速。

4．浓盐酸易挥发并具有强烈的刺激性；$N,N$-二甲基苯胺有毒，应避免吸入其蒸气！

### 【思考题】

1．重氮化反应为什么要在低温、强酸介质中进行？

2．本实验中制备重氮盐时，为什么要把对氨基苯磺酸先变成钠盐？

3．重氮盐的偶联反应是在什么介质中进行的？为什么？

4．洗涤滤饼时，为什么要用饱和食盐水？

### 【预习指导】

1．查阅有关资料，填写下表。

| 品　名 | $M$/(g/mol) | 熔点/℃ | 沸点/℃ | $\rho$/(g/cm³) | 水溶性 | 使用规格 | 投　料　量 质量/g(体积/mL) | 物质的量/mol | 理论产量 |
|---|---|---|---|---|---|---|---|---|---|
| 对氨基苯磺酸 | | — | — | | — | | | | — |
| 亚硝酸钠 | | — | — | | | | | | — |
| $N,N$-二甲基苯胺 | | | | | | | | | — |
| 氢氧化钠溶液 | — | — | — | — | | | | — | — |
| 盐酸 | — | — | — | | | | | — | — |
| 冰醋酸 | — | — | — | | | | | — | — |
| 甲基橙 | | | — | — | | | | | |

2. 做本实验前，请认真阅读本书第二章第五节中"重结晶"和"减压过滤"等内容，并熟悉下列操作流程示意图。

制备甲基橙的操作流程示意图：

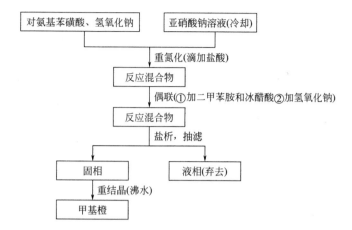

## * 实验 4-11　邻苯二甲酸二丁酯的制备

**【目的要求】**

1. 熟悉芳香族二元羧酸的酯化反应原理，掌握邻苯二甲酸二丁酯的制备方法；
2. 熟练掌握带有分水器的回流装置的安装与操作；

　　3. 熟悉减压蒸馏装置，掌握减压蒸馏操作。

## 【实验原理】

　　邻苯二甲酸二丁酯是无色透明、具有芳香气味的油状液体。无毒，沸点 340℃，不溶于水，易溶于乙醇、乙醚等有机溶剂。是制造塑料、合成橡胶、人造革等常用的增塑剂，也是香料的溶剂和固定剂。

　　本实验采用邻苯二甲酸酐与正丁醇在硫酸催化下发生酯化反应制取邻苯二甲酸二丁酯。反应式如下：

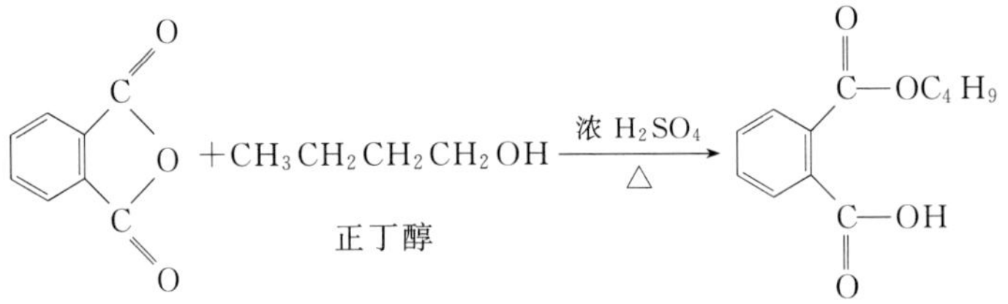

$$\text{邻苯二甲酸酐} + CH_3CH_2CH_2CH_2OH \xrightarrow[\triangle]{\text{浓 } H_2SO_4} \text{邻苯二甲酸单丁酯}$$

（正丁醇）

$$\text{邻苯二甲酸单丁酯} + CH_3CH_2CH_2CH_2OH \underset{\triangle}{\overset{\text{浓 } H_2SO_4}{\rightleftharpoons}} \text{邻苯二甲酸二丁酯} + H_2O$$

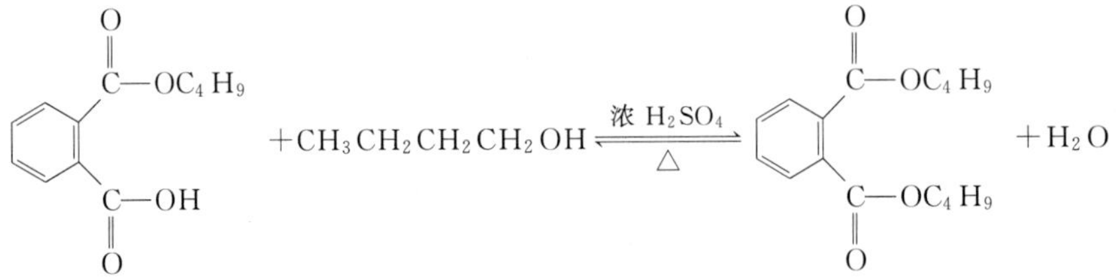

　　反应分两步进行。第一步是酸酐的醇解反应，进行得迅速而完全。第二步是邻苯二甲酸单丁酯与正丁醇发生酯化反应，这步反应是可逆的，进行得比较缓慢。为使反应向生成邻苯二甲酸二丁酯的方向进行，本实验除使反应物之一正丁醇过量外，还利用分水器将反应过程中生成的水从反应体系中分离出去，以提高转化率。

## 【实验用品】

　　邻苯二甲酸酐　正丁醇　浓硫酸　碳酸钠溶液（5%）　石蜡油（或硅油）　饱和食盐水　pH 试纸　沸石

　　分液漏斗（100mL）　三口烧瓶（100mL）　圆底烧瓶（50mL）　温度计（200℃、250℃）　球形冷凝管　直形冷凝管　克氏蒸馏头　量筒　电炉与调压器　接液管（具支管）　分水器　油浴锅　减压蒸馏装置　电热套　托盘天平

## 【实验步骤】

### 1. 加料、安装仪器

　　在干燥的三口烧瓶中加入 5.9g 邻苯二甲酸酐、12.6mL 正丁醇和几粒沸石，在振摇下加入 3 滴浓硫酸。参照图 4-3 在三口烧瓶中口安装带有分水器的回流装置，分水器中加入正丁醇至与支管平齐处。用塞子封闭三口烧瓶的一侧口，另一侧口安装温度计（汞球应浸入液面下，但不可触及瓶底）。

### 2. 加热酯化

　　用电热套加热，缓慢升温，使反应混合物微沸。约 10min 后，烧瓶内固体邻苯二甲酸酐完全消失，这标志着生成邻苯二甲酸单丁酯的阶段已完成。

　　继续升温，使反应液回流。此时很快有正丁醇与水的共沸物[1]蒸出，并可看到有小水

珠逐渐下沉到分水器的底部,上层的正丁醇则流回到三口烧瓶中继续参与反应。随着反应的进行,分出的水层不断增加,反应液温度也逐渐升高。当温度升到160℃时停止加热。反应时间约需2h。

### 3．洗涤、分离

当反应液降温至70℃以下时,拆除装置。将反应混合液倒入分液漏斗中,先用30mL碳酸钠溶液分两次洗涤,再用30mL饱和食盐水洗涤2～3次[2],用pH试纸检验呈中性后,小心分去水层。

### 4．减压蒸馏

将粗酯倒入50mL圆底烧瓶中。参照图2-19安装减压蒸馏装置,用油浴加热进行减压蒸馏。先蒸去过量的正丁醇(回收),再更换接收器,收集180～190℃/1333Pa(10mmHg)或200～210℃/2666Pa(20mmHg)的馏分,称量质量并计算产率。

【注释】

[1] 正丁醇与水的共沸混合物组成为:正丁醇55.5%,水45.5%,沸点是93℃,冷凝时分为两层,上层主要为正丁醇,其中含水20%,下层主要为水,其中含正丁醇7.7%。

[2] 用饱和食盐水洗涤可防止发生乳化现象,同时由于分离效果好,不必进行干燥操作。

【实验指南与安全提示】

1. 在无机酸存在下,温度高于180℃时,邻苯二甲酸二丁酯容易发生分解,因此应严格控制反应温度,不可超过160℃。

2. 碱洗时,温度不得高于70℃,碱的浓度也不宜过大,更不能使用氢氧化钠,否则,容易发生酯的水解反应。

3. 分液漏斗在使用前应涂油试漏,用碳酸钠溶液洗涤粗产品时,应注意及时排放二氧化碳气体。

4. 减压蒸馏装置的安装与操作需在教师指导下进行,以防发生安全事故。

5. 邻苯二甲酸酐有毒,使用时不要直接与皮肤接触!

【思考题】

1. 正丁醇在浓硫酸存在下加热至较高温度时,会发生哪些反应?本实验中若浓硫酸用量过多,会有什么不良影响?

2. 用碳酸钠溶液洗涤粗产物的目的是什么?洗涤操作时,产品在哪一层?为什么?

3. 减压蒸馏时,是否有前馏分?为什么?

【预习指导】

1. 查阅有关资料,填写下表。

| 品　名 | $M$/(g/mol) | 熔点/℃ | 沸点/℃ | $\rho$/(g/cm³) | 水溶性 | 使用规格 | 投　料　量 | | 理论产量 |
| | | | | | | | 质量 /g(体积/mL) | 物质的量 /mol | |
|---|---|---|---|---|---|---|---|---|---|
| 邻苯二甲酸酐 | | | — | — | | | | | — |
| 正丁醇 | | — | | | | | | | — |
| 硫酸 | | — | | | | | | — | — |
| 邻苯二甲酸二丁酯 | | — | | | | | | | |

2. 做本实验前，请认真阅读第四章第二节中"带有分水器的回流装置"、第二章第四节"萃取与洗涤"和第九节"减压蒸馏"等内容，并熟悉下列操作流程示意图。

制备邻苯二甲酸二丁酯的操作流程示意图：

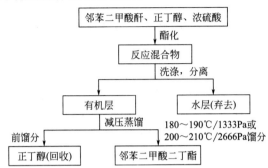

# 第五章
# 综合实验

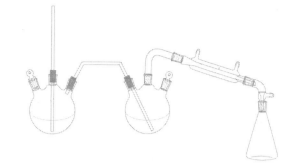

## 知识目标

· 了解多步骤有机合成的意义和原理，掌握较复杂有机化合物的合成方法；

· 熟练掌握粗产物的分离提纯技术及纯度检验方法；

· 初步掌握天然有机化合物的提取、分离与纯化方法。

## 技能目标

· 能综合运用有机化学实验的各类基本操作技术，会处理实验室常见事故；

· 能独立组装和操作各类有机化学实验装置，会使用脂肪提取器；

· 能准确表达实验结果，规范完成实验报告。

有机化学综合实验是在有机化学理论课程和实验课程的教学完成之后，在学生已初步掌握了有机化学的基本理论知识和基本实验操作技能的基础上，集中进行的实验操作训练。

本章所选编的实验内容包括多步骤有机合成、天然有机物的提取以及几种常见实用化学品的配制。通过这些实验，可训练学生综合运用有机化学实验技能，独立完成从原料的准备与处理到中间体的制备与分离，再到目的产物的合成与纯化的全过程；熟悉各类天然有机物的提取与分离手段；了解日常生活中一些实用化学品的成分与配制方法。从而拓宽视野，提高动手能力，熟练掌握回流、蒸馏、萃取、过滤和升华等各项实验操作技术。为学习后续专业实验课程和将来从事化工生产操作奠定良好基础。

## 第一节 多步骤有机合成

多步有机合成是指从基本原料开始，经过多步有机反应，制备一个比较复杂的有机化合物的过程。

在多步骤合成实验中，由于每一步反应的实际产量都低于理论产量，实验的总产率必然会受到累加的影响。例如，一个需要五步反应的制备实验，假设每步产率都是 80%，那么总产率是：$(0.8)^5 \times 100\% = 32.8\%$。因此实验者必须在实验前做好充分的准备工作，以严谨的科学态度和熟练的操作技能，认真做好每一步实验，尽量减少产品损失。只有各个环节考虑周全，保证每一步实验的产率，才能使实验最终有较高的收率。

## 一、实验的准备

实验前的准备工作充分与否是决定实验成败的关键所在，在进行多步骤合成实验之前，应做好以下准备工作。

### 1. 查阅有关资料

通过查阅有关资料，了解实验所需原料、溶剂及产物的物理常数和化学性质，以便更好地控制反应条件和指导精制操作。

### 2. 准备试剂和仪器

合成实验所用的原料和试剂除要求价格低廉、来源方便外，还要考虑其毒性、可燃性、挥发性以及对光、热、酸、碱的稳定性等因素。在可能的情况下，应尽量选用毒性较小、燃点较高、挥发性小、稳定性好的实验试剂。如可用乙醇则不用甲醇（毒性大）；可用溴代烷就不用碘代烷（价格高）；可用环己烷就不用乙醚（易挥发、燃点低）等。

有些试剂久置后会发生变化，使用前需纯化处理。如苯甲醛在空气中发生自动氧化，用前需进行蒸馏；乙醚在空气中放置会有过氧化物生成，受热和干燥的情况下，容易引起爆炸，所以应事先加入硫酸亚铁等还原剂，充分振摇，蒸馏后使用。

有些合成反应，如酯化反应、傅氏反应和格氏反应等，要求无水操作，需要干燥的玻璃仪器。仪器的干燥必须提前进行，绝不可用刚刚烘干、尚未完全降温的玻璃仪器盛装药品，以免仪器骤冷炸裂或药品受热挥发、局部过热氧化和分解等。

### 3. 制定实验计划

详细的实验计划是合成实验成功的保证。实验计划应以精练的文字、简图、表格、化学式、符号及箭头等表明整个制备过程。还应指出实验中需特别注意的问题及安全措施等。

## 二、实验的实施

进行合成实验时，首先要根据实验的进程，合理安排时间，应预先考虑好哪一步骤可作为中断实验的阶段。然后参照装置图安装实验仪器，经检查准确稳妥后，方可进行实验。实验中要严格遵守操作规程，一般不可随意改变实验条件。对于所用药品的规格、用量、状态、颜色、批号、生产厂家及出厂日期等应做准确记录。

实验中要认真操作，细心观察，并及时将反应进行的情况详尽记录下来。实验中制备的中间体有的必须分离提纯，有的可不经提纯，直接用于下步反应，要根据实验的需要，做到心中有数，以避免操作失误。

实验中合成的产品要写明品名、质量、纯度（熔程、沸程）及制备日期，提交实验教师检验后妥善保存。

# 第二节 天然有机物的提取

凡是来自天然动、植物资源的物质都称为天然产物。人类对于有机化合物的使用和研究最初都是由天然产物开始的。

天然有机物的种类很多，一般可根据其结构特征将它们分为四大类，即糖类化合物、类脂化合物、萜类和甾族化合物、生物碱类化合物。其中生物碱是种类和变化最多的含氮碱性有机化合物，也是长期以来被人们广泛关注和研究的一类天然有机物。因为许多天然生物碱显示了惊人的生理效能，可以作为药物治疗疾病。例如，从金鸡纳树皮中提取出的金鸡纳碱——奎宁，因具有杀灭疟虫裂殖体的功能，曾从疟疾的肆虐中拯救了千百万人的生命；从萝芙藤中分离出的利血平是治疗高血压的药物；由喜树中提取出的喜树碱具有抗癌作用等。此外，还有些植物中含有调味品、香料和染料等极有价值的天然有机物。因此天然有机物的分离和鉴定一直是有机化学领域中一个十分重要的研究课题。

分离提纯天然有机物最常用的手段是萃取、蒸馏和结晶等物理方法。近年来，各种色谱技术已越来越多地用于天然物粗品的分离。各类波谱技术与化学方法相结合已可以很方便地测定天然产物的结构。对天然有机物的研究日益广泛、深入，正在快速地向前发展。

## 实验 5-1 用糠醇改性的脲醛树脂胶黏剂的制备

**【目的要求】**

1. 了解利用歧化反应制取糠醇与糠酸的原理，掌握其制备方法；
2. 了解利用缩合反应制取脲醛树脂的原理，掌握其制备方法；
3. 了解用糠醇改性的脲醛树脂胶黏剂的性能，掌握副产物及溶剂的回收方法；
4. 掌握带电动搅拌的回流装置的安装与操作及减压蒸馏操作；
5. 熟练掌握利用蒸馏和重结晶提纯有机化合物的操作技术。

**【实验原理】**

脲醛树脂是由尿素和甲醛缩聚而成的。是胶合板工业常用的胶黏剂，具有常温下固化速度较快、不污染制品、成本低、毒性小等优点。但其胶黏强度较差，且固化时发生收缩现象，产生内应力。

糠醇又称 $\alpha$-呋喃甲醇，由糠醛在浓碱作用下发生歧化反应制得。

将糠醇加入脲醛树脂中，可增强树脂的渗透力，缓解收缩现象，减小内应力，加快粘接速度，强化胶黏牢固强度。因此，用糠醇改性的脲醛树脂作为一种强力胶黏剂，在生产高强度、坚牢的胶合板，尤其是装饰层板材中，占有重要地位。制备反应如下。

**1. 脲醛树脂的制备**

（1）加成反应　尿素和甲醛在弱碱性条件下，首先发生加成反应，生成羟甲基脲的混合物：

$$H_2N-\overset{\overset{\displaystyle O}{\|}}{C}-NH_2 + \overset{\overset{\displaystyle H}{|}}{\underset{\displaystyle H}{C}}=O \xrightarrow{OH^-} \quad \begin{array}{c} OH-CH_2-NH \\ | \\ C=O \\ | \\ NH_2 \end{array} + \begin{array}{c} OH-CH_2-NH \\ | \\ C=O \\ | \\ NH-CH_2-OH \end{array}$$

（2）**缩合反应**　羟甲基脲的亚氨基与羟甲基之间、羟甲基与羟甲基之间都可发生脱水缩合反应，形成线型缩聚物，即脲醛树脂。其主链上具有如下结构：

$$\begin{array}{ccccccc} NH-CH_2- & N-CH_2- & N-CH_2- & N \\ | & | & | & | \\ C=O & C=O & C=O & C=O \\ | & | & | & | \\ NH & NH_2 & NH_2 & NH \\ | & & & | \\ CH_2OH & & & CH_2OH \end{array}$$

（3）**交联反应**　上述产物中含有大量的活性端基（如羟甲基、氨基等），当进一步加热或在固化剂作用下，羟甲基与氨基进一步缩合交联成复杂的网状体型结构：

$$\begin{array}{c} ---CH_2-N-CH_2--- \\ | \\ C=O \\ | \\ ---N-CH_2-N-CH_2-N-CH_2-N--- \\ | \quad\quad | \quad\quad | \quad\quad | \\ C=O \quad\quad C=O \quad C=O \\ | \quad\quad\quad | \quad\quad | \\ HO-CH_2-N-CH_2-N-CH_2-N-CH_2OH \\ | \\ C=O \\ | \\ ---N-CH_2-N-CH_2-N-CH_2--- \\ | \quad\quad\quad | \\ C=O \quad\quad C=O \\ | \quad\quad\quad | \end{array}$$

由于最终产物中保留了部分羟甲基，因而赋予胶层较好的粘接能力。

**2. 糠醇的制备**

（1）**歧化反应**　糠醛（α-呋喃甲醛）在浓碱作用下，发生歧化反应，生成糠醇和糠酸（在碱性介质中以盐的形式存在）：

$$2\underset{O}{\bigcirc}-CHO \xrightarrow{\text{浓NaOH}} \underset{O}{\bigcirc}-CH_2OH + \underset{O}{\bigcirc}-COONa$$
$$\downarrow{H^+}$$
$$\underset{O}{\bigcirc}-COOH$$

（2）**萃取分离**　用乙醚将糠醇从反应混合物中萃取出来，蒸去溶剂后，即得糠醇。副产物糠酸是防腐和杀菌剂，也用于制造香料。可通过重结晶得到纯品，回收。

**【实验用品】**

甲醛溶液（37%）　氢氧化钠溶液（10%、40%）　乌洛托品（固）　尿素（固）　糠醛　乙醚　无水硫酸钠　浓盐酸　活性炭　磷酸氢钙（固）　三乙醇胺　饱和氯化铵溶液　pH试纸（精密）　碎木屑　沸石

三口烧瓶（250mL）　球形冷凝管　温度计（100℃、200℃）　电动搅拌器　圆底烧瓶（100mL、150mL、250mL）　减压蒸馏装置　普通蒸馏装置　电热套　滴液漏斗　分液漏斗　低沸易燃物蒸馏装置　减压过滤装置　量筒　锥形瓶　提勒管式熔点测定装置　纸盒

**【实验步骤】**

**1. 脲醛树脂的制备**

(1) 安装仪器　将 250mL 三口烧瓶置于盐水浴中[1]，在三口烧瓶中口装上电动搅拌器，两侧口分别安装球形冷凝管和温度计。

(2) 加入物料　取下温度计，从侧口加入 90mL 37％甲醛溶液，缓慢开动搅拌器。在搅拌下向烧瓶内滴加 10％氢氧化钠溶液（3～4 滴），使溶液 pH 为 5.6～5.7（用精密 pH 试纸测试），再加入 1.3g 乌洛托品，溶解后测 pH。调节溶液 pH 为 8 时，加入 25g 尿素，安装好温度计。

(3) 加热、测 pH　调节热源，使反应液缓慢升温至 60℃。在此温度下反应 15min，继续升温并保持在 94～96℃进行反应。此间每隔 10min 取样一次测定 pH。当 pH＝6 时，每隔 5min 取样测定一次，当 pH＝5.4 时，取试样 2 滴，加入 4 滴水混合，如不出现浑浊，从此时起继续反应 40min，此间反应温度可升至 98℃。

(4) 降温、测 pH　将反应液降温至 60℃，测 pH。滴加 10％氢氧化钠溶液（2～3 滴），搅拌 15min，使 pH＝7，停止回流。

(5) 减压脱水　将反应混合液倒入 250mL 圆底烧瓶中，安装减压蒸馏装置，减压脱水。控制真空度为 85.5kPa，蒸馏温度 45～50℃，蒸出水量约 40mL 时，停止蒸馏。称量树脂量，应为无色透明黏稠状液体。

**2. 糠醇的制备**

(1) 蒸馏糠醛[2]　在 100mL 干燥的圆底烧瓶中，加入 35mL 糠醛及几粒沸石，安装一套普通蒸馏装置，用电热套或甘油浴加热蒸馏，收集 160～162℃馏分 25mL。

(2) 歧化反应　将新蒸馏的糠醛倒入 250mL 烧杯中，于冰盐浴中冷却至 0～2℃。在不断搅拌下，通过滴液漏斗缓慢地向其中滴加 25mL 40％氢氧化钠溶液（约需 1h）。其间需间歇测温，应始终保持反应液温度在 8～12℃之间[3]。滴加完毕，在此温度下继续搅拌 30min[4]，以确保反应完全。最后得到黄色浆状物。

(3) 萃取分离　在不断搅拌下，向反应混合物中加入约 30mL 水至浆状物恰好溶解，得酒红色透明液体。

将此溶液倒入分液漏斗中，用 100mL 乙醚分四次萃取，水层保留，醚层并入 250mL 干燥的锥形瓶中，用 5g 无水硫酸钠干燥，静置 30min。

(4) 回收溶剂　将干燥好的乙醚萃取液倒入 150mL 干燥的圆底烧瓶中，加入几粒沸石。安装一套低沸易燃物蒸馏装置，用热水浴蒸出乙醚并回收。

(5) 蒸馏糠醇　撤去水浴，补加沸石后，用电热套或甘油浴加热蒸馏糠醇，收集 170～172℃馏分，计量体积。糠醇为无色或微黄色透明液体，沸点 171℃，折射率 $n_D^{23}$＝1.4852。

(6) 回收糠酸　经乙醚萃取后的水层加浓盐酸酸化至 pH＝2，糠酸即析出，充分冷却后抽滤，用冷水洗涤两次，压紧抽干。以水作溶剂进行重结晶，并用活性炭脱色。纯糠酸应为白色针状晶体，熔点 133～134℃。

(7) 测定糠酸熔点　用提勒管法测定糠酸熔点，并检验糠酸纯度。

### 3．胶黏剂的应用对比实验

在干燥的 200mL 烧杯中，加入 20mL 脲醛树脂、5g 碎木屑、5g 糠醇、0.2g 磷酸氢钙和 3 滴三乙醇胺，混匀。于蒸汽浴上加热至 90℃ 并不断搅拌 15min。离开蒸汽浴，滴加 10 滴饱和氯化铵溶液，充分搅匀后，将混合物倒入一只小纸盒中定型、压实，放置晾干。

同样条件下做不加糠醇的对比试验。干后观察（可做折断试验），对比其胶黏牢固度，描述其性状差异。

**【注释】**

[1] 盐水浴可使浴液温度超过水的沸点，从而使反应液温度达到 98℃。

[2] 糠醛容易氧化，在空气中放置时颜色会变成棕褐色，因此使用前需蒸馏纯化。

[3] 反应液温度不可超过 12℃，否则将会有大量副反应发生，使产物变成深红色。但也不能低于 8℃，因为温度过低，反应缓慢，会使氢氧化钠积聚，一旦发生反应则过于剧烈，难以控制。

[4] 由于反应是在两相中进行，所以自始至终应不断搅拌，为防止搅拌棒碰坏温度计，可采用间歇测温方式测量温度。

**【实验指南与安全提示】**

1．在脲醛树脂的制备中，碱液应一滴一滴地加入，每加一滴需反应一会儿，再测 pH，以防测试不准，或加碱过量。

2．缩合反应开始时，升温一定要缓慢，否则难以使反应液温度控制在 60℃ 并维持 15min。一旦超过 60℃，应立即在盐水浴中加入冷水以降低浴温。

3．减压脱水时，蒸出水量可根据实际情况酌定，发现蒸馏液黏稠即可停止蒸馏。否则蒸出水量过多，会使树脂呈胶冻状，在烧瓶中难以倒出。

4．歧化反应时，加碱速度不可过快，否则将使反应温度迅速升高，导致实验失败。

5．糠醇有毒！蒸馏或使用时应防止吸入其蒸气并避免与皮肤直接接触。

6．回收乙醚时，须注意室内不得有明火！应使用事先烧好的热水进行蒸馏。接液管的支管处应连接长胶管，以便将其蒸气导入下水道或室外。

**【思考题】**

1．在脲醛树脂的制备过程中，应注意控制哪些反应条件？

2．若减压脱水量过大，会出现什么后果？

3．制备糠醇时，为什么要在较低温度下进行？如何控制反应温度？

4．糠醇和糠酸是如何分离开的？蒸馏回收乙醚时，应注意哪些问题？

**【预习指导】**

1．查阅有关资料，填写下列表格。

| 品　名 | $M/(g/mol)$ | 熔点/℃ | 沸点/℃ | $\rho/(g/cm^3)$ | 水溶性 | 使用规格 | 投料量 | | 理论产量 |
|---|---|---|---|---|---|---|---|---|---|
| | | | | | | | 质量/g(体积/mL) | 物质的量/mol | |
| 尿素 | | — | — | | | — | | | — |
| 甲醛溶液 | | — | — | | | | | | — |
| 糠醛 | | — | | | | | | — | — |
| 糠醇 | | — | | | | | | — | — |
| 糠酸 | | | | | | | | — | — |

2. 制备糠醇的操作流程示意图如下，请在括号中填上适当的文字内容。

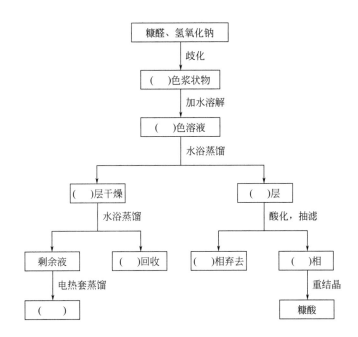

# * 实验 5-2　三苯甲醇的制备

## 【目的要求】

1. 熟悉氧化、酯化和格利雅反应原理，掌握三苯甲醇的合成方法；
2. 熟练掌握回流、蒸馏、萃取、干燥、重结晶和过滤等基本操作技术。

## 【实验原理】

三苯甲醇是芳香族叔醇，可通过格利雅反应来制取。

格利雅反应是以法国化学家 Grignard 的名字命名的有机化学反应。有机镁化合物是 Grignard 攻读博士学位时的研究课题。他在研究中发现，将碘甲烷的乙醚溶液加入乙醚和镁屑的混合物中，就能很方便地制得甲基碘化镁的乙醚溶液。不必分离，只要向甲基碘化镁的乙醚溶液中加入醛、酮、酯等有机化合物的乙醚溶液，反应后再水解，就可很容易地制得醇类或其他有机化合物。

1901 年，Grignard 关于烃基卤化镁合成与反应的博士论文发表后，立即引起了化学界极大的兴趣和重视。化学家们对这类反应进行了更加广泛深入的研究，发现烃基卤化镁是一种极为有用的有机试剂，它非常活泼，可以进行许多反应，在有机合成中具有重要价值。这一试剂的发现，大大促进了近代有机化学的发展。Grignard 也由于这一功绩而获得 1912 年诺贝尔化学奖。后来人们就将烃基卤化镁称为格利雅试剂，将利用此试剂进行的化学反应称为格利雅反应。

本实验中用溴苯与金属镁在干醚存在下制得格利雅试剂——苯基溴化镁。以乙苯为原料先经氧化反应制取苯甲酸，再经酯化反应制得苯甲酸乙酯。

苯甲酸乙酯与苯基溴化镁在干醚存在下发生加成反应，加成产物水解后即得三苯甲醇。反应过程如下：

## 1. 氧化反应

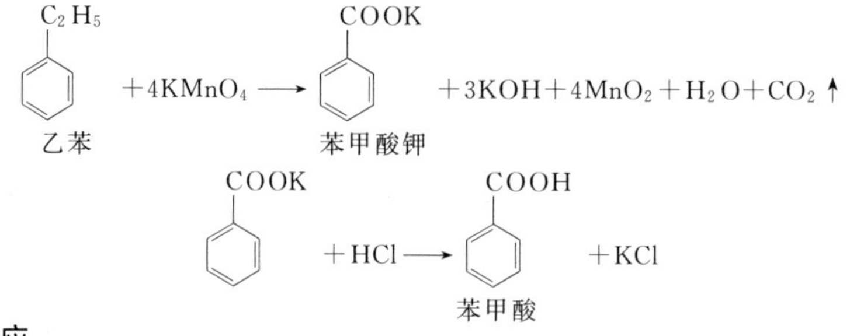

## 2. 酯化反应

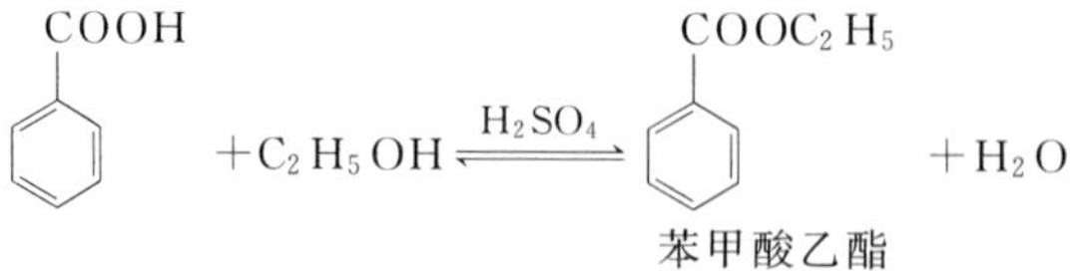

## 3. 格利雅反应

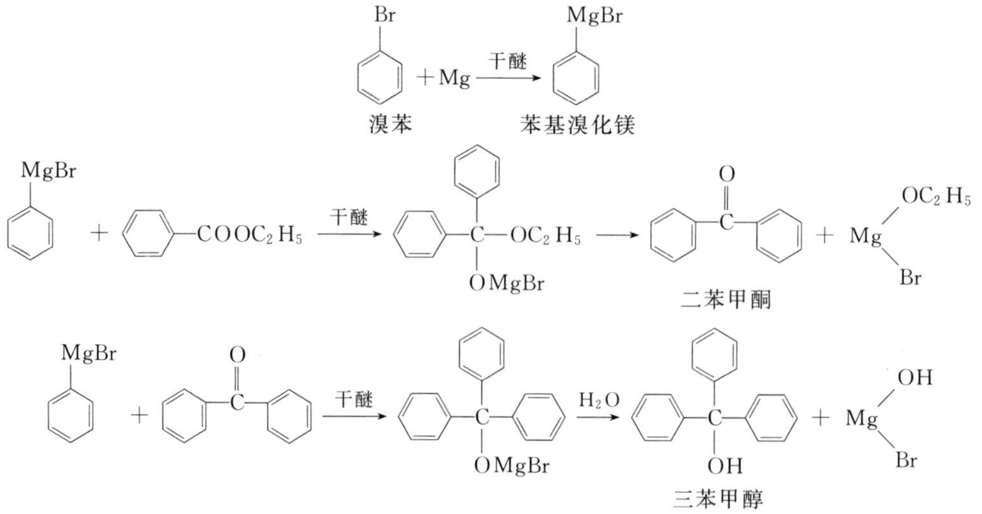

格利雅试剂非常活泼，可被含有活泼氢的物质分解（如水、醇等），所以实验中所用药品及仪器必须经过干燥处理。

**【实验用品】**

乙苯　高锰酸钾　浓盐酸　活性炭　无水乙醇　浓硫酸　碳酸钠　无水氯化钙　镁屑　碘　溴苯　无水乙醚　饱和氯化铵溶液　石油醚　乙醇（70%）　沸石　pH试纸

圆底烧瓶（150mL、500mL）　球形冷凝管　减压过滤装置　提勒管式熔点测定装置　分水器　球形冷凝管　分液漏斗　普通蒸馏装置　电热套　三口烧瓶（150mL）　电动搅拌器　滴液漏斗　温度计（250℃）　锥形瓶　干燥管　烧杯　量筒　托盘天平

**【实验步骤】**

### 1. 苯甲酸的制备

（1）氧化反应　在 500mL 圆底烧瓶中加入 7.4mL 乙苯和 300mL 水，装上球形冷凝管，在石棉网上加热至沸。

由冷凝管上口分批加入 31.6g 高锰酸钾[1]，加完后用少量水冲洗冷凝管内壁。继续加热回流，直到乙苯层消失，回流液不再出现油珠为止。此间应经常振摇烧瓶，使乙苯与高锰酸钾溶液充分接触。

（2）过滤分离　将反应混合物趁热倒入布氏漏斗中，减压过滤[2]，用少量热水洗涤滤饼两次，压紧抽干，滤饼（二氧化锰）回收。

（3）酸化、分离　将滤液倒入烧杯中，用水浴冷却后，加入浓盐酸至溶液呈酸性（用 pH 试纸检验），苯甲酸即析出。充分冷却后，减压过滤，用少量冷水洗涤，压紧抽干，得苯甲酸粗品。

（4）重结晶　将粗产物放入烧杯中，加入适量水[3]，加热使其溶解，稍冷，投入少量活性炭，煮沸脱色。趁热过滤。滤液充分冷却，使苯甲酸析出完全。减压过滤，抽干，得苯甲酸纯品，应为无色针状晶体，熔点 122.4℃。称量质量并计算产率。

（5）测定熔点　用提勒管法测定自制苯甲酸熔点，并检验其纯度。

### 2. 苯甲酸乙酯的制备

（1）加入物料　在干燥的 150mL 圆底烧瓶中加入 12g 苯甲酸、23mL 无水乙醇和 3mL 浓硫酸，摇匀后投入几粒沸石。

（2）安装仪器　在圆底烧瓶上口安装带有分水器的回流装置。分水器事先充水至支管处，再放出 9mL 水。

（3）加热酯化　用水浴加热回流，当分水器中水层达到约 9mL 时，放出水层。继续加热，将大部分多余的乙醇蒸至分水器中，当回流液明显减少时，停止加热。反应需 2~3h。稍冷后拆除装置。

（4）加碱中和　将反应混合液倒入盛有 150mL 冷水的烧杯中，在不断搅拌下分批加入研细的碳酸钠粉末[4]，直到无二氧化碳气体产生。溶液呈中性（用 pH 试纸检验）为止。

（5）分离、干燥　将上述溶液倒入分液漏斗中静置分层后，小心分出粗产物（哪一层？），并用无水氯化钙干燥。

（6）蒸馏提纯　将干燥后的澄清溶液倾入干燥的圆底烧瓶中，加几粒沸石，安装普通蒸馏装置，用电热套或甘油浴加热蒸馏，收集 210~213℃馏分。称量质量并计算产率。纯苯甲酸乙酯为无色透明液体，沸点 213℃。

### 3. 三苯甲醇的制备

（1）制备格利雅试剂　在干燥的三口烧瓶中加入 1.5g 镁屑[5]，一小粒碘[6]。三口烧瓶中口安装电动搅拌器，一侧口安装球形冷凝管，冷凝管上口装上氯化钙干燥管，以防空气中的水汽进入反应器。另一侧口安装滴液漏斗，滴液漏斗中放入 9.5mL 溴苯与 25mL 无水乙醚的混合液[7]。

先滴入约 10mL 混合液至烧瓶中，反应随即开始，碘的颜色逐渐消失（如不发生反应，可用温水浴加热），此时可开动搅拌器，慢速搅拌，并继续缓慢滴入溴苯与乙醇的混合液，保持反应液呈微沸状态[8]。滴加完毕，再用温水浴加热回流 1h，使镁屑作用完全。

（2）制备三苯甲醇　在滴液漏斗中放入 4.3mL 苯甲酸乙酯[9]和 5mL 无水乙醚，混匀后，缓慢滴加入上述反应混合液中，水浴温热，保持反应液微沸，回流 1h。

将反应液冷却至室温，再由滴液漏斗慢慢滴入 30mL 氯化铵饱和溶液[10]，以分解加成产物。

将三口烧瓶中的反应混合液转入分液漏斗中，分去水层。用 15mL 水洗涤乙醚层一次，分离。醚层倒入干燥的圆底烧瓶中，安装低沸易燃物蒸馏装置，用热水浴蒸出乙醚，回收。

　　向三口烧瓶中加入 60mL 石油醚（沸点为 30～60℃），振摇使三苯甲醇析出。于冰-水浴中充分冷却后抽滤。用少量冷水洗涤，压紧抽干。

　　（3）重结晶　粗产品用 70％乙醇水溶液重结晶，加活性炭脱色，可得纯度较高的产品。称量质量并计算产率。纯三苯甲醇为白色片状晶体，熔点 164.2℃。

　　（4）测定熔点　用提勒管法测定自制三苯甲醇的熔点，并检验产品纯度。

**【注释】**

　　[1] 高锰酸钾与乙苯的氧化反应是非均相反应，所以每次加料后需摇动烧瓶，促使高锰酸钾与乙苯充分接触并反应。

　　[2] 滤液若呈紫色，可加入少量亚硫酸氢钠，使紫色褪去，并重新抽滤。

　　[3] 苯甲酸在 100mL 水中的溶解度：4℃时为 0.18g；18℃时为 0.27g；75℃时为 2.2g。重结晶操作时，应将溶液温度控制在 80℃左右。

　　[4] 加入碳酸钠是为除去硫酸及未反应完全的苯甲酸。碳酸钠应分批少量加入，以防产生大量气泡而使液体溢出，造成损失。

　　[5] 将镁条用砂纸打磨光亮，彻底除去表面氧化膜，然后剪成碎屑。

　　[6] 卤代芳烃与镁的反应较难发生，加入碘并温热可起催化作用，促使反应开始进行。若加碘并温热后还是不反应，则必须将物料弃去，重新彻底干燥仪器后再做。

　　[7] 苯和无水乙醚均需在使用前一天进行干燥处理。方法是：在溴苯中加入无水氯化钙振摇后，塞紧，放置过夜。在无水乙醚中加入片状或丝状金属钠，振摇后，塞紧，放置过夜。

　　[8] 加入溴苯和乙醚混合液的速度不宜过快，否则反应过于剧烈，会增加副产物联苯的生成。

　　[9] 苯甲酸乙酯也需在实验前进行干燥处理。可在其中加入无水氯化钙或无水硫酸镁，振摇后塞紧，放置过夜。

　　[10] 加入氯化铵，是为了使水解生成的氢氧化镁沉淀转变成可溶性的氯化镁。若反应液中仍有絮状物存在，可加入少量稀盐酸，使其溶解。

**【实验指南与安全提示】**

　　1. 在苯甲酸的制备中，每次加入高锰酸钾的量不宜过大，并需注意回流冷凝管中是否有积水现象，如发生堵塞或冲料，可用一长玻璃棒疏通，并用少量水冲洗物料。

　　2. 高锰酸钾是强氧化剂，实验时一定要注意安全，不可强火加热，以防反应过于剧烈、损坏仪器，造成灼伤事故。

　　3. 制备格利雅试剂和三苯甲醇所用仪器及药品必须是经过彻底干燥的，否则将导致实验失败。

　　4. 实验中，如上一工序得到的产物量不足时，应补足后再投料。

**【思考题】**

　　1. 制备苯甲酸时，为什么要分批加入高锰酸钾？加入后为什么要振摇烧瓶？

　　2. 苯甲酸粗制品中含有不溶性杂质、水溶性杂质及有色物质，这些杂质是如何除去的？

　　3. 分离苯甲酸与二氧化锰时，滤液有时呈紫色，为什么？

　　4. 制备苯甲酸乙酯时为什么需要使用干燥的仪器？为什么要从分水器中放出 9mL 水？

　　5. 在苯甲酸乙酯的制备中，采用了哪些措施来提高反应转化率？

　　6. 制备格利雅试剂和三苯甲醇时，为什么仪器和药品都要经过严格的干燥处理？

　　7. 制备苯基溴化镁时，如果溴苯和乙醚混合液滴入过快，会有什么后果？

　　8. 在三苯甲醇的制备中，为什么要用饱和的氯化铵溶液来分解加成产物？

　　9. 蒸馏乙醚时，应注意哪些问题？

　　10. 本实验的总产率会很高吗？为什么？

**【预习指导】**

1. 查阅有关资料，填写下列各表。

(1) 苯甲酸的制备

| 品　名 | $M$/(g/mol) | 熔点/℃ | 沸点/℃ | $\rho$/(g/cm³) | 水溶性 | 使用规格 | 投料量 质量/g(体积/mL) | 投料量 物质的量/mol | 理论产量 |
|---|---|---|---|---|---|---|---|---|---|
| 乙苯 | | — | | | | — | | | — |
| 高锰酸钾 | | — | — | — | | | | | — |
| 浓盐酸 | | — | | — | | | | | — |
| 苯甲酸 | | | — | — | | | | | — |
| 二氧化锰 | | — | — | — | | — | | | — |

(2) 苯甲酸乙酯的制备

| 品　名 | $M$/(g/mol) | 熔点/℃ | 沸点/℃ | $\rho$/(g/cm³) | 水溶性 | 使用规格 | 投料量 质量/g(体积/mL) | 投料量 物质的量/mol | 理论产量 |
|---|---|---|---|---|---|---|---|---|---|
| 苯甲酸 | | | — | — | | | | | |
| 乙醇 | | — | | | | | | | |
| 浓硫酸 | | — | — | | — | | | | |
| 苯甲酸乙酯 | | — | | | | — | | | |

(3) 三苯甲醇的制备

| 品　名 | $M$/(g/mol) | 熔点/℃ | 沸点/℃ | $\rho$/(g/cm³) | 水溶性 | 使用规格 | 投料量 质量/g(体积/mL) | 投料量 物质的量/mol | 理论产量 |
|---|---|---|---|---|---|---|---|---|---|
| 镁 | | — | — | — | | | | | |
| 碘 | | — | — | — | | | | | |
| 溴苯 | | — | | | | — | | | |
| 无水乙醚 | | — | | | | — | | | |
| 氯化铵 | | — | — | — | | | | | |
| 三苯甲醇 | | — | | — | | | | | |

2. 苯甲酸乙酯的制备流程示意图如下，请在括号中填上适当的文字内容。

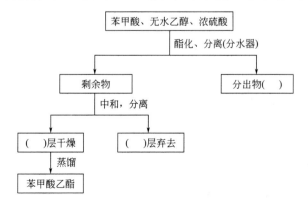

# 实验 5-3　植物生长调节剂 2,4-D 的制备

## 【目的要求】

1. 了解威廉逊法合成混醚的原理，熟悉苯氧乙酸的实验室制法；

2. 了解芳环卤代反应原理，熟悉卤代芳烃的实验室制法；

3. 熟练掌握加热、回流、搅拌、萃取及重结晶等操作技术。

## 【实验原理】

本实验中，以苯酚和氯乙酸为原料，通过威廉逊合成法制备苯氧乙酸，苯氧乙酸是一种有效的防霉剂。苯氧乙酸发生环上氯化反应，可得对氯苯氧乙酸和 2,4-二氯苯氧乙酸（简称 2,4-D）。对氯苯氧乙酸又称防落素，具有防止或减少农作物落花落果的作用。2,4-二氯苯氧乙酸也叫防莠剂，可选择性地除掉杂草，有效地促进植物生长。二者都是重要的植物生长调节剂，在农业生产中被广泛应用。

### 1. 苯氧乙酸的制备反应

$$2ClCH_2COOH + Na_2CO_3 \longrightarrow 2ClCH_2COONa + CO_2 + H_2O$$

$$ClCH_2COONa + \text{〈苯环〉}-OH \xrightarrow{NaOH} \text{〈苯环〉}-OCH_2COONa + NaCl + H_2O$$

$$\text{〈苯环〉}-OCH_2COONa + HCl \longrightarrow \text{〈苯环〉}-OCH_2COOH + NaCl$$

### 2. 对氯苯氧乙酸的制备反应

### 3. 2,4-二氯苯氧乙酸的制备反应

## 【实验用品】

冰醋酸　氯乙酸　乙醚　苯酚　氢氧化钠溶液（35%）　过氧化氢溶液（33%）　次氯酸钠溶液（0.5%）　盐酸溶液（6mol/L）　饱和碳酸钠溶液　四氯化碳　乙醇水溶液（1:3）　氯化铁　浓盐酸　刚果红试纸　pH 试纸

减压过滤装置　电炉和调压器　电动搅拌器　提勒管式熔点测定装置　球形冷凝管　水浴锅　锥形瓶　烧杯　温度计　分液漏斗　滴液漏斗　三口烧瓶（150mL）　蒸发皿　量杯　托盘天平

## 【实验步骤】

### 1. 苯氧乙酸的制备

（1）威廉逊法合成　在三口烧瓶中加入 7.6g 氯乙酸和 10mL 水，三口烧瓶的中口安

装电动搅拌器，一侧口安装球形冷凝管。调节装置后，开动搅拌器。用滴管从另一侧口向三口烧瓶中滴加饱和碳酸钠溶液，至 pH 为 7～8（用试纸检验）。然后加入 5g 苯酚，再慢慢滴加 35％氢氧化钠溶液至 12 左右，如有降低，应补加氢氧化钠溶液。

（2）酸化、分离　移去水浴，在搅拌下趁热向三口烧瓶中滴加浓盐酸，至 pH 为 3～4 为止。充分冷却溶液，待苯氧乙酸析出完全后，减压过滤（保留滤液），滤饼用冷水洗涤两次，压紧抽干，称量质量。纯苯氧乙酸为无色针状晶体，熔点 99℃。

（3）回收副产品　将滤液倒入蒸发皿中，在石棉网上加热蒸发浓缩。冷却后抽滤，得氯化钠晶体，称量、回收。

### 2．对氯苯氧乙酸的制备

（1）氯代　在 150mL 三口烧瓶中加入 3g(0.02mol) 苯氧乙酸、10mL 冰醋酸。三口烧瓶的中口安装电动搅拌器，一侧口装上球形冷凝管，另一侧口暂时用塞子塞上。开动搅拌器，水浴加热。当水浴温度升至 55℃时，取下塞子，向三口烧瓶中加入 20mg 氯化铁和 10mL 浓盐酸。在此侧口安装滴液漏斗，滴液漏斗内盛放 3mL 过氧化氢溶液。当水浴温度升至 60℃以上时，开始滴加过氧化氢溶液（在 10min 内滴完），并保持水浴温度为 60～70℃，继续反应 20min。升高温度使反应器内固体全部溶解，停止加热，拆除装置。

（2）分离　将三口烧瓶中的反应混合液趁热倒入烧杯中，充分冷却，待结晶析出完全后，抽滤，用水洗涤滤饼两次，压紧抽干。

（3）重结晶　粗产品用 1∶3 乙醇水溶液重结晶后得纯品。纯的对氯苯氧乙酸为白色晶体，熔点 158～159℃。

（4）测熔点　用提勒管法测定自制对氯苯氧乙酸熔点，并检验其纯度。

### 3．2，4-二氯苯氧乙酸的制备

（1）氯代　在 250mL 锥形瓶中加入 1g(0.0066mol) 对氯苯氧乙酸和 12mL 冰醋酸，搅拌使其溶解。将锥形瓶置于冰-水浴中冷却，在不断振摇下分批缓慢加入 38mL 0.5％次氯酸钠溶液。然后将锥形瓶自冰-水浴中取出，待反应混合液温度升至室温后再保持 5min。

（2）酸化　向锥形瓶中加入 50mL 水，再用 6mol/L 盐酸溶液酸化至刚果红试纸变蓝。将此溶液倒入分液漏斗中，用 50mL 乙醚分两次萃取，合并萃取液，用 15mL 水洗涤一次，分去水层。再用 15mL 饱和碳酸钠溶液萃取（注意排放产生的二氧化碳！）。将碱萃取液放入烧杯中（醚层保留！），加入 25mL 水，用浓盐酸酸化至刚果红试纸变蓝。

（3）抽滤　充分冷却，待结晶析出完全后，抽滤，用冷水洗涤滤饼两次，压紧抽干。

（4）重结晶　粗产品用 15mL 四氯化碳重结晶，可得纯品 2,4-二氯苯氧乙酸。

（5）测熔点　用提勒管法测定自制 2,4-二氯苯氧乙酸的熔点，并检验其纯度。

纯 2,4-二氯苯氧乙酸为白色晶体，熔点 138℃。

（6）回收溶剂　醚层用热水浴加热蒸馏，回收乙醚。

### 【实验指南与安全提示】

1. 冰醋酸具有强烈的刺激性并能灼伤皮肤，使用时应注意安全，避免与皮肤直接接触或吸入其蒸气。

2．次氯酸钠溶液不能过量，否则会使产量降低。

3．用碳酸钠溶液萃取 2,4-二氯苯氧乙酸时，应分批缓慢加入，以防产生大量气泡，使物料冲出，造成损失。

【思考题】

1．苯氧乙酸是依据什么原理制备的？

2．制备苯氧乙酸为什么要在碱性介质中进行？

3．制备对氯苯氧乙酸时，为什么要加入过氧化氢溶液？加入的氯化铁起什么作用？

4．制备 2,4-二氯苯氧乙酸时，粗产物中的水溶性杂质是如何除去的？

5．制备对氯苯氧乙酸和 2,4-二氯苯氧乙酸时，加入的冰醋酸起什么作用？

6．对氯苯氧乙酸和 2,4-二氯苯氧乙酸在实际中有哪些应用？

【预习指导】

1．查阅有关资料，填写下列各表。

（1）苯氧乙酸的制备

| 品　名 | $M/(g/mol)$ | 熔点/℃ | 沸点/℃ | $\rho/(g/cm^3)$ | 水溶性 | 使用规格 | 投料量 质量 /g(体积/mL) | 投料量 物质的量 /mol | 理论产量 |
|---|---|---|---|---|---|---|---|---|---|
| 氯乙酸 | | | — | — | | — | | | — |
| 苯酚 | | | — | — | | — | | | — |
| 苯氧乙酸 | | | | | | | | | |

（2）对氯苯氧乙酸的制备

| 品　名 | $M/(g/mol)$ | 熔点/℃ | 沸点/℃ | $\rho/(g/cm^3)$ | 水溶性 | 使用规格 | 投料量 质量 /g(体积/mL) | 投料量 物质的量 /mol | 理论产量 |
|---|---|---|---|---|---|---|---|---|---|
| 苯氧乙酸 | | | — | — | | — | | | — |
| 冰醋酸 | | — | | | | — | | | — |
| 浓盐酸 | | — | | | | — | | | — |
| 过氧化氢 | | — | | | | — | | | — |
| 对氯苯氧乙酸 | | | | | | | | | |

（3）2,4-二氯苯氧乙酸的制备

| 品　名 | $M/(g/mol)$ | 熔点/℃ | 沸点/℃ | $\rho/(g/cm^3)$ | 水溶性 | 使用规格 | 投料量 质量 /g(体积/mL) | 投料量 物质的量 /mol | 理论产量 |
|---|---|---|---|---|---|---|---|---|---|
| 对氯苯氧乙酸 | | | — | — | | — | | | — |

续表

| 品　名 | $M/(g/mol)$ | 熔点/℃ | 沸点/℃ | $\rho/(g/cm^3)$ | 水溶性 | 使用规格 | 投料量 | | 理论产量 |
|---|---|---|---|---|---|---|---|---|---|
| | | | | | | | 质量/g(体积/mL) | 物质的量/mol | |
| 冰醋酸 | | — | | | | — | | — | |
| 次氯酸钠溶液 | — | — | — | | | | | — | — |
| 2,4-二氯苯氧乙酸 | | — | — | | | | — | — | — |

2. 2,4-二氯苯氧乙酸的制备流程示意图如下，请在括号中填上适当的文字内容。

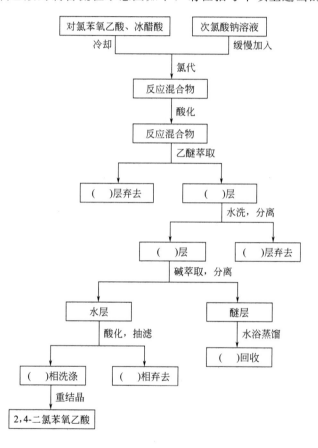

# * 实验 5-4　局部麻醉剂苯佐卡因的制备

## 【目的要求】

1. 熟悉芳环硝化、氧化、还原和酯化等反应原理及苯佐卡因的制备方法；
2. 熟练掌握加热、搅拌、回流、结晶、洗涤、干燥和过滤等基本操作技术；
3. 熟练掌握蒸馏、分馏、萃取和重结晶等分离提纯有机化合物的方法。

## 【实验原理】

苯佐卡因的化学名称称为对氨基苯甲酸乙酯，是一种局部麻醉剂，常制成软膏用于疮面溃疡的止痛。

本实验中以甲苯为原料，经硝化、氧化、还原、酯化等反应制取苯佐卡因。各步制备的反应式如下。

### 1. 硝化反应

### 2. 氧化反应

### 3. 还原反应

### 4. 酯化反应

## 【实验用品】

氢氧化钠溶液（5%）　碳酸钠溶液（1%）　无水氯化钙　乙醇溶液（50%）　无水乙醇　重铬酸钾　硫酸（浓，15%）　浓硝酸　浓盐酸　浓氨水　碳酸钠　冰醋酸　锡粉　甲苯　沸石

三口烧瓶（100mL、250mL）　减压过滤装置　温度计（100℃、300℃）　圆底烧瓶（100mL）　滴液漏斗　电炉与调压器　电动搅拌器　分液漏斗　量杯　托盘天平　接液管　锥形瓶　水浴锅　烧杯　直形冷凝管　球形冷凝管　刺形分馏柱

**【实验步骤】**

**1. 对硝基甲苯的制备**

（1）硝化　在 250mL 三口烧瓶中加入 100mL 混酸[1]，三口烧瓶的中口安装电动搅拌器，一侧口安装温度计，另一侧口通过双口接管安装球形冷凝管和滴液漏斗。滴液漏斗中盛放 77mL 甲苯。

在搅拌下缓慢滴加甲苯，由于反应放热，反应液温度不断升高，可通过调节加料速度或适当使用冷水浴来控制反应温度为 $45 \sim 50 ℃$[2]。甲苯加完后，继续在此温度下搅拌 30min。

（2）分离　将冷却至室温的反应液倒入分液漏斗中，分去酸层（哪一层？），有机层分别用水和碳酸钠溶液洗涤后，倒入干燥的锥形瓶中，加入适量无水氯化钙，振摇至油状液体澄清后，转移至 100mL 圆底烧瓶中，安装简单分馏装置，加热分馏[3]。当油状物蒸出近 1/2 时，停止分馏。

（3）结晶、过滤　将烧瓶内的残留液趁热倒入烧杯中，稍冷后再用冰-水浴冷却至 0℃[4]，对硝基甲苯便结晶析出，减压过滤。称量粗产品质量。必要时，可用乙醇进行重结晶。

纯对硝基甲苯为淡黄色晶体，熔点 51.4℃。

**2. 对硝基苯甲酸的制备**

（1）氧化　在 100mL 三口烧瓶中加入 3g 研细的对硝基甲苯、9.1g 重铬酸钾和 11mL 水。三口烧瓶的中口安装电动搅拌器，一侧口安装冷凝管，另一侧口安装滴液漏斗，在滴液漏斗中盛放 15mL 浓硫酸。开动搅拌器，并缓慢滴加浓硫酸[5]，随着反应开始进行，温度升高，料液颜色也逐渐加深。浓硫酸加完后，用小火加热，使反应液保持微沸状态约 30min。

（2）分离　稍冷后，将反应混合液倒入盛有 40mL 冷水的烧杯中，粗品对硝基苯甲酸即呈结晶析出，充分冷却后，减压过滤，用冷水洗涤至滤液不显绿色[6]。

（3）提纯　将滤饼移至烧杯中，在搅拌下加入 38mL 氢氧化钠溶液，使晶体溶解[7]，抽滤。在搅拌下，将滤液缓慢倒入盛有 30mL 15％硫酸溶液的烧杯中，对硝基苯甲酸析出。充分冷却后，减压过滤，滤饼用少量冷水洗涤两次，压紧抽干。称量质量，必要时可用乙醇溶液重结晶。

纯对硝基苯甲酸为浅黄色晶体，熔点 142℃。

**3. 对氨基苯甲酸的制备**

（1）还原　在 100mL 圆底烧瓶中加入 4g 对硝基苯甲酸、9g 锡粉和 20mL 浓盐酸，安装球形冷凝管，小火加热至还原反应发生（反应液呈微沸状态），停止加热[8]，不断振摇烧瓶，约 30min 后，还原反应基本完成，反应液呈透明状。

（2）分离　冷却后，将反应混合液倒入烧杯中，在搅拌下滴加浓氨水至溶液刚好呈碱性（用 pH 试纸检测）。抽滤，除去锡粉及氢氧化锡沉淀。

滤液转移至干净的烧杯中，在不断搅拌下缓慢滴加冰醋酸至溶液刚好呈酸性（用蓝色石蕊试纸检测），对氨基苯甲酸晶体析出。用冰-水浴充分冷却后，减压过滤。晾干后称量质量。

纯对氨基苯甲酸为无色针状晶体，熔点 187～188℃。

### 4. 苯佐卡因（对氨基苯甲酸乙酯）的制备

（1）酯化　在干燥的 100mL 圆底烧瓶中加入 2g 对氨基苯甲酸、12.5mL 无水乙醇和 2.5mL 浓硫酸，混匀后，加入几粒沸石。安装球形冷凝管，用水浴加热回流 1～1.5h。

（2）分离　将反应混合液趁热倒入盛有 80mL 冷水的烧杯中。在不断搅拌下，分批加入碳酸钠粉末至液面有少许沉淀出现时[9]，再慢慢滴加碳酸钠溶液至 pH＝7，苯佐卡因呈晶体析出。减压过滤（滤液保留），用少量水洗涤滤饼，压紧抽干。称量质量。必要时可用乙醇溶液重结晶。

纯苯佐卡因为白色针状晶体，熔点 92℃。

（3）回收副产品　将滤液加热浓缩，当液面有晶体膜出现时，停止加热；冷却使硫酸钠晶体析出。抽滤，称量硫酸钠质量。

### 【注释】

[1] 混酸的配制：将盛有浓硝酸的烧杯置于冷水浴中，在不断搅拌下，缓慢加入浓硫酸。混酸腐蚀性很强，操作时一定要注意安全。

[2] 甲苯的硝化容易进行。当温度过高（超过 50℃）时，会发生环上的二元硝化反应。

[3] 产物中的主要成分是二种硝基甲苯的混合物。其中邻硝基甲苯的沸点为 222.3℃，对硝基甲苯的沸点为 237.7℃，可利用分馏的方法将它们分离开。极少量的间硝基甲苯常混杂在邻位产物中。

[4] 邻硝基甲苯的熔点为 －4.14℃，对硝基甲苯的熔点为 51.4℃。熔点差较大，所以当对硝基甲苯析出结晶时，残余的邻硝基甲苯仍保留在溶液中，从而得到进一步分离。

[5] 硫酸加入后可放出大量的热，氧化反应也随之发生，反应液由橙红色变成暗绿色。可通过控制硫酸的滴加速度来缓解反应的剧烈程度，否则，反应过于猛烈，容易使对硝基甲苯受热外逸。

[6] 应尽量洗去粗产物中夹杂的无机盐。

[7] 加碱的目的是使对硝基苯甲酸生成钠盐溶解，而铬盐则转变成氢氧化铬沉淀析出，经过滤除去。未反应的对硝基甲苯，由于不溶于氢氧化钠溶液，可在此时一并除去。

$$Cr_2(SO_4)_3 + 6NaOH \longrightarrow 2Cr(OH)_3 \downarrow + 3Na_2SO_4$$

但碱的用量不宜过多，否则，氢氧化铬会溶于过量的碱而成为可溶性的亚铬酸盐：

$$Cr(OH)_3 + NaOH \longrightarrow NaCrO_2 + 2H_2O$$

[8] 不可过热，以防氨基被氧化。若反应液不沸腾，可微热片刻，以保持反应进行。

[9] 碳酸钠粉末应分多次少量加入，待反应完全，不再有气泡产生后，测 pH，不足时再补加，切忌过量。

### 【实验指南与安全提示】

1. 对氨基苯甲酸呈两性，在加酸和加碱时都要严格控制用量，宜少量分批加入，并随时测试溶液 pH。以防酸或碱过量而影响产量和质量。

2. 重铬酸钾有毒；浓硝酸和浓硫酸具有强氧化性和腐蚀性，应避免直接触及皮肤。

### 【思考题】

1. 制备对硝基甲苯时为什么要控制温度为 45～50℃？温度高对反应会有什么影响？

2. 邻硝基甲苯和对硝基甲苯是如何分离的？

3. 制备对硝基苯甲酸时，硫酸为什么要缓慢滴加？一次性加入可以吗？为什么？

4. 酯化反应结束后，为什么要加入碳酸钠固体和碳酸钠溶液？

5. 在对氨基苯甲酸的纯化过程中，加氨水和冰醋酸各起什么作用？

6. 在多步骤合成实验中，如何提高产物的总收率？

### 【预习指导】

1. 查阅有关资料，填写下列各表。

（1）对硝基甲苯的制备

| 品　名 | $M/(g/mol)$ | 熔点/℃ | 沸点/℃ | $\rho/(g/cm^3)$ | 水溶性 | 使用规格 | 投料量 | | 理论产量 |
| | | | | | | | 质量/g(体积/mL) | 物质的量/mol | |
| 甲苯 | | — | | | | — | | | — |
| 浓硝酸 | | — | | | | | | — | — |
| 浓硫酸 | | — | | | | | | — | — |
| 邻硝基甲苯 | | — | | | | — | | — | — |
| 对硝基甲苯 | | | | | | — | | — | |

（2）对硝基苯甲酸的制备

| 品　名 | $M/(g/mol)$ | 熔点/℃ | 沸点/℃ | $\rho/(g/cm^3)$ | 水溶性 | 使用规格 | 投料量 | | 理论产量 |
| | | | | | | | 质量/g(体积/mL) | 物质的量/mol | |
| 对硝基甲苯 | | — | — | | | — | | | — |
| 重铬酸钾 | | — | — | | | | | | — |
| 浓硫酸 | | — | — | | | — | | — | — |
| 对硝基苯甲酸 | | — | — | | | — | | — | |

（3）对氨基苯甲酸的制备

| 品　名 | $M/(g/mol)$ | 熔点/℃ | 沸点/℃ | $\rho/(g/cm^3)$ | 水溶性 | 使用规格 | 投料量 | | 理论产量 |
| | | | | | | | 质量/g(体积/mL) | 物质的量/mol | |
| 对硝基苯甲酸 | | | — | | | — | | | — |
| 锡粉 | | — | — | | | | | | — |
| 浓盐酸 | | — | — | | | — | | — | — |
| 对氨基苯甲酸 | | | — | | | — | | | |

（4）苯佐卡因的制备

| 品　名 | $M/(g/mol)$ | 熔点/℃ | 沸点/℃ | $\rho/(g/cm^3)$ | 水溶性 | 使用规格 | 投料量 | | 理论产量 |
| | | | | | | | 质量/g(体积/mL) | 物质的量/mol | |
| 对氨基苯甲酸 | | | — | — | | — | | | — |
| 无水乙醇 | | — | | | | — | | | — |
| 浓硫酸 | | — | | | | — | | — | — |
| 苯佐卡因 | | | — | — | | — | | | |

2. 苯佐卡因的制备流程图如下，请在括号中填上适当的文字内容。

## 小资料

### 麻　醉　剂

人类使用麻醉剂的历史十分久远。最早的局部麻醉药是从生长在南美洲的古柯植物中提取出的古柯生物碱，又叫柯卡因。但柯卡因毒性较大又容易成瘾。于是化学家们进行了大量的研究工作，在搞清了古柯生物碱的结构和药理作用后，终于成功地合成了一系列麻醉（止痛）效果好、毒副作用小的麻醉剂。这些麻醉剂的共同结构特征是：分子的一端有芳环，另一端是氨基。芳环部分通常为芳香酸酯，酯基可在麻醉剂进入人体血液中时起解毒作用。氨基则有助于使这类化合物形成可溶于水的盐酸盐以制成注射液。

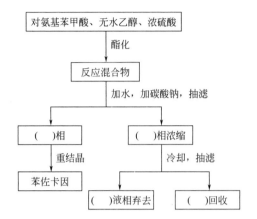

# 实验 5-5　从茶叶中提取咖啡因

**【目的要求】**

1. 熟悉从植物中提取天然生物碱的原理和方法；
2. 熟悉脂肪提取器的构造、原理、安装和使用方法；
3. 学会利用升华提纯固体有机物的操作方法。

**【实验原理】**

茶叶和咖啡是人们常用的饮料。它们都含有多种生物碱。其中以咖啡因为主。茶叶中咖啡因的含量为 2%～5%，此外还含有纤维素、蛋白质、丹宁酸和叶绿素等。

咖啡因是杂环化合物嘌呤的衍生物，它的化学名称是 1,3,7-三甲基-2,6-二氧嘌呤，结构式如下：

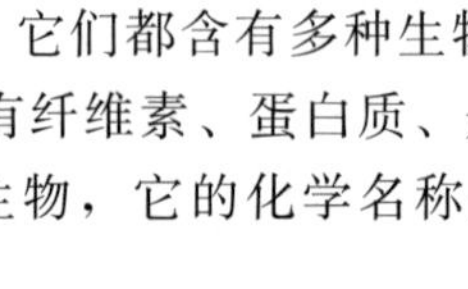

咖啡因是无色针状晶体，熔点238℃，味苦，能溶于水、乙醇和二氯甲烷等。含结晶水的咖啡因加热到100℃时即失去结晶水，并开始升华，120℃时升华显著，178℃时很快升华。咖啡因在医学上用作心脏、呼吸器官和神经系统的兴奋剂，也是治疗感冒药物APC（阿司匹林-非那西丁-咖啡因）的主要成分之一。

本实验用95％乙醇作溶剂，从茶叶中提取咖啡因，使其与不溶于乙醇的纤维素和蛋白质等分离，萃取液中除咖啡因外，还含有叶绿素、丹宁酸等杂质。蒸去溶剂后，在粗咖啡因中拌入生石灰，使其与丹宁等酸性物质作用生成钙盐。游离的咖啡因通过升华得到纯化。

## 【实验用品】

茶叶　生石灰　乙醇（95％）

圆底烧瓶（150mL）　脂肪提取器　温度计（300℃）　酒精灯　石棉网　沙浴锅　电热套　蒸发皿　电炉　水浴锅　刮刀　滤纸　玻璃漏斗　烧杯　量杯　托盘天平　提勒管式熔点测定装置

## 【实验步骤】（实验方法1）

### 1. 提取

在150mL圆底烧瓶中加入80mL乙醇溶液。称取10g研细的茶叶末，装入折叠好的滤纸套筒中[1]，折封上口后放入提取器内，参照图2-11安装脂肪提取装置[2]。

检查装置各连接处的严密性后，接通冷却水，用水浴加热，连续提取至虹吸管内液体的颜色很淡为止（需2～3h）。当冷凝液刚刚虹吸下去时，立即停止加热。

### 2. 蒸馏

稍冷后，拆除脂肪提取器，改成蒸馏装置，加热蒸馏，回收提取液中大部分乙醇[3]。

### 3. 中和、除水

趁热将烧瓶中的残液倒入干燥的蒸发皿中，加入4g研细的生石灰粉[4]，搅拌均匀成糊状。

将蒸发皿放在一个大小合适的烧杯上，烧杯内盛放1/2容积的水，用蒸汽浴加热蒸发水分。此间仍需不断搅拌，并压碎块状物。然后再将蒸发皿放在石棉网上，用小火焙炒烘干[5]，直到固体混合物变成疏松的粉末状，水分全部除去为止。

### 4. 升华

冷却后，擦净蒸发皿边缘上的粉末，盖上一张刺有细密小孔的滤纸，再将干燥的玻璃漏斗（口径须与蒸发皿相当）罩在滤纸上。用沙浴（或电热套）缓慢加热升华[6]。控制沙浴温度在220℃左右。当滤纸的小孔上出现较多白色毛状晶体时，暂停加热，让其自然冷却至100℃以下。取下漏斗，轻轻揭开滤纸，用刮刀仔细地将附在滤纸上的咖啡因晶体刮下。

残渣经搅拌后，盖上滤纸和漏斗，继续用较大火加热，使升华完全。

合并两次收集的咖啡因，称量质量并测其熔点。

## 【注释】

[1] 滤纸套筒的大小既要紧贴器壁，又能方便取放。套筒内茶叶的高度不得超过虹吸管。套筒的底部要折封严密，以防茶叶漏出堵塞虹吸管。套筒的上部最好折成凹形，以利回流液充分浸润茶叶。

[2] 脂肪提取器的虹吸管部位容易折断，拆装仪器时应特别小心，注意保护。

[3] 蒸出大部分乙醇即可，不要蒸得太干，否则残液很黏，不易倒出，挂在烧瓶上，造成损失。

[4] 生石灰既可中和粗产物中的酸性杂质，又可起到吸水作用。

[5] 焙炒时，切忌温度过高，以防咖啡因在此时升华。

[6] 升华是本实验成败的关键。必须用小火缓慢加热。升温过快，温度过高，会使产品发黄。测量沙浴温度的温度计要放在蒸发皿附近的位置，以便准确反映升华温度。

## 【实验指南与安全提示】

1. 注意：乙醇易挥发、易燃，蒸馏时应注意安全。

2. 温度计插入沙浴中时，要格外小心，防止水银球部位破裂。

3. 升华操作中，升温要缓慢，以免温度过高使有机物炭化。

## 【思考题】

1. 茶叶中的咖啡因是如何被提取出来的？

2. 提取出的粗咖啡因为绿色，为什么？

3. 向粗产物中加入生石灰起什么作用？

4. 焙炒粗产物时，为什么必须用小火，温度过高会有什么后果？

5. 升华过程中，取下漏斗观察升华情况可以吗？为什么？

6. 升华操作时，需注意哪些问题？

**附：碱液提取咖啡因（实验方法 2）**

## 【实验用品】

茶叶　碳酸钠　丙酮　氯仿

圆底烧瓶（100mL）　量筒　分液漏斗（250mL）　锥形瓶（100mL）　烧杯（250mL）　减压过滤装置　直形冷凝管　蒸馏头　接液管　水浴锅　蒸发皿　温度计　石棉网　酒精灯　托盘天平

## 【实验步骤】

### 1. 提取

在 250mL 烧杯中，放入 10g 茶叶末和 14g 碳酸钠，加入 150mL 水，在石棉网上加热煮沸 30min。此间应不断搅拌并补加适量水，使溶液始终保持在 150mL 左右。

### 2. 过滤

趁热减压过滤，除去残渣。

### 3. 萃取

滤液冷至室温后，倒入分液漏斗中，用 50mL 氯仿分两次萃取，合并萃取液（哪一层？）。

### 4. 蒸馏

将氯仿萃取液倒入 100mL 干燥的圆底烧瓶中，安装一套普通蒸馏装置。用水浴加热蒸馏，回收溶剂。当烧瓶中溶液剩余 5～6mL 时，停止蒸馏。

### 5. 蒸发

将浓缩液倒入蒸发皿中，用 5mL 氯仿分两次洗涤烧瓶，洗涤液并入蒸发皿中。在通风橱内用蒸汽浴蒸发至干，粗咖啡因即呈结晶析出（因含有微量色素，而显黄绿色）。

### 6. 重结晶

将粗产品转移至小烧杯中，在水浴中保持温热，逐滴加入丙酮，至固体刚好完全溶解。将溶液充分冷却，待咖啡因结晶析出完全后，减压过滤，可用少量冷丙酮洗涤晶体。压紧抽干，称量质量。

# * 实验 5-6　从黄连中提取黄连素

## 【目的要求】

1. 进一步熟悉从植物中提取天然产物的原理和方法；
2. 熟练掌握回流、蒸馏和重结晶等操作技术。

## 【实验原理】

黄连是一种多年生草本植物，为我国名产中草药材之一。其根茎中含有多种生物碱，如小檗碱（黄连素）、甲基黄连碱和棕榈碱等。其中以黄连素为主要有效成分，含量为4%～10%。

黄连素是黄色针状晶体，微溶于水和乙醇，易溶于热水和热乙醇，不溶于乙醚。黄连素具有较强的抗菌性能，对急性结膜炎、口疮、急性细菌性痢疾和急性胃肠炎等都具有很好的疗效。自然界中，黄连素主要以季铵碱的形式存在。本实验中用乙醇作溶剂，从黄连中提取黄连素，再加入盐酸，使其以盐酸盐的形式呈晶体析出。

## 【实验用品】

黄连　浓盐酸　丙酮　乙酸溶液（10%）　乙醇（95%）

圆底烧瓶（250mL）　量筒　温度计（100℃）　烧杯（200mL）　锥形瓶（250mL）电炉与调压器　减压过滤装置　直形冷凝管　球形冷凝管　水浴锅　蒸馏头　接液管　托盘天平

## 【实验步骤】

### 1. 提取

称取 10g 中药黄连，在研钵中捣碎后放入 250mL 圆底烧瓶中，加入 100mL 乙醇，安装球形冷凝管。用水浴加热回流 40min[1]。再静置浸泡 1h。

### 2. 过滤

减压过滤，滤渣用少量乙醇洗涤两次。

### 3. 蒸馏

将滤液倒入 250mL 圆底烧瓶中，安装普通蒸馏装置。用水浴加热蒸馏，回收乙醇。当烧瓶内残留液呈棕红色糖浆状时，停止蒸馏（不可蒸得过干！）。

### 4. 溶解、过滤

向烧瓶内加入 30mL 乙酸溶液，加热溶解，趁热抽滤，除去不溶物。

将滤液倒入 200mL 烧杯中，滴加浓盐酸至溶液出现浑浊为止（约需 10mL）。将烧杯置于冰-水浴中充分冷却后，黄连素盐酸盐呈黄色晶体析出。减压过滤。

### 5. 重结晶

将滤饼放入 200mL 烧杯中，先加少量水，用石棉网小火加热，边搅拌边补加水至晶体在受热情况下恰好溶解。停止加热，稍冷后，将烧杯放入冰-水浴中充分冷却，抽滤。用冰水洗涤滤饼两次，再用少量丙酮洗涤一次[2]，压紧抽干。称量质量。

## 【注释】

[1] 也可用索氏提取器连续提取 2h，其效果会更好些。

[2] 用丙酮洗涤，可加快干燥速度。

**【实验指南与安全提示】**

1. 浓盐酸易挥发并具有强烈刺激性，应避免吸入其蒸气。

2. 滴加浓盐酸时，应将溶液冷却至室温再进行，以防浓盐酸大量挥发。

**【思考题】**

1. 用回流和浸泡的方法提取天然产物与用索氏提取器连续萃取，哪种方法效果更好些？为什么？

2. 作为生物碱，黄连素具有哪些生理功能？

3. 蒸馏回收溶剂时，为什么不能蒸得太干？

# 实验 5-7　从橙皮中提取柠檬油

**【目的要求】**

1. 熟悉从植物中提取香精油的原理和方法；

2. 掌握水蒸气蒸馏装置的安装与操作；

3. 熟练掌握利用萃取和蒸馏提纯液体有机物的操作技术。

**【实验原理】**

香精油的主要成分为萜类，是广泛存在于动、植物体内的一类天然有机化合物。大多具有令人愉快的香味，常用作食品、化妆品和洗涤用品的香料添加剂。由于其易挥发，可通过水蒸气蒸馏进行提取。

柠檬、橙子和柑橘等水果的新鲜果皮中含有一种香精油，即柠檬油，为黄色液体，具有浓郁的柠檬香气，是饮料的香精成分。

本实验中以橙皮为原料，利用水蒸气蒸馏提取香精油，馏出液用二氯甲烷进行萃取，蒸去溶剂后，即可得到柠檬油。

**【实验用品】**

橙皮（新鲜）　二氯甲烷　无水硫酸钠

锥形瓶（50mL、100mL、250mL）　三口烧瓶（500mL）　分液漏斗（125mL）　量筒
梨形烧瓶（50mL）　温度计（100℃）　剪刀　电炉与调压器　水蒸气发生器　直形冷凝管
蒸气导管　减压水泵　安全管　水浴锅　蒸馏头　接液管　托盘天平

**【实验步骤】**

**1. 水蒸气蒸馏**

将 50g 新鲜橙皮剪切成碎片后[1]，放入 500mL 三口烧瓶中，加入 250mL 水。参照图 2-17 安装水蒸气蒸馏装置，加热进行水蒸气蒸馏。控制馏出速度为每秒 2～3 滴。收集馏出液约 80mL 时[2]，停止蒸馏。

**2. 溶剂萃取**

将馏出液倒入分液漏斗中，用 30mL 二氯甲烷分三次萃取（有机相在哪一层？）。

**3. 干燥除水**

合并萃取液，放入 50mL 干燥的锥形瓶中。加入过量无水硫酸钠，振摇至液体透明为止。

### 4. 回收溶剂

将干燥后的萃取液滤入干燥的 50mL 梨形烧瓶中，安装低沸易燃物蒸馏装置。用水浴加热蒸馏，回收二氯甲烷[3]。当大部分溶剂基本蒸完后，再用水泵减压抽去残余的二氯甲烷[4]。烧瓶中所剩少量黄色油状液体即为柠檬油，可交指导教师统一收存。

**【注释】**

[1] 果皮应尽量剪切得碎些，最好直接剪入烧瓶中，以防精油损失。

[2] 此时馏出液中可能还有油珠存在，但量已很少，限于时间，可不再继续蒸馏。

[3] 二氯甲烷有毒，接收器应浸入冰浴中，以防其蒸气挥发。接液管的支管应连接一长橡胶导管，接入下水道。

[4] 常压下用水浴加热，很难将残余的二氯甲烷蒸馏除尽，所以需用水泵减压将其抽出。

**【实验指南与安全提示】**

1. 也可选用柠檬或柑橘皮作为实验原料。

2. 二氯甲烷有毒！萃取操作最好在通风橱中进行。

**【思考题】**

1. 为什么可采用水蒸气蒸馏的方法提取香精油？

2. 干燥的橙皮中，柠檬油的含量大大降低，试分析原因。

3. 蒸馏二氯甲烷时，为什么要用水浴加热？

# 实验 5-8    从菠菜中提取天然色素

**【目的要求】**

1. 熟悉从植物中提取天然色素的原理和方法；

2. 熟悉柱色谱分离的原理与方法；

3. 熟练掌握萃取、分离等操作技术。

**【实验原理】**

绿色植物的茎、叶中含有叶绿素（绿色）、叶黄素（黄色）和胡萝卜素（橙色）等多种天然色素。

叶绿素以两种相似的异构体形式存在：叶绿素 a（$C_{55}H_{72}O_5N_4Mg$）和叶绿素 b（$C_{55}H_{70}O_6N_4Mg$），它们都是吡咯衍生物与金属镁的配合物，是植物进行光合作用所必需的催化剂。

胡萝卜素（$C_{40}H_{56}$）是具有长链结构的共轭多烯，属于萜类化合物。有三种异构体：$\alpha$-胡萝卜素、$\beta$-胡萝卜素和 $\gamma$-胡萝卜素。其中 $\beta$-异构体具有维生素 A 的生理活性，在人和动物的肝脏内受酶的催化可分解成维生素 A，所以胡萝卜素又称做维生素 A 元，用于治疗夜盲症，也常用作食品色素。目前已可进行大规模的工业生产。

叶黄素（$C_{40}H_{56}O_2$）是胡萝卜素的羟基衍生物，在绿叶中的含量较高。因为分子中含有羟基，较易溶于醇，而在石油醚中溶解度较小。叶绿素和胡萝卜素则由于分子中含有较大的烃基而易溶于醚和石油醚等非极性溶剂。

本实验以菠菜叶为原料，用石油醚-乙醇混合溶剂萃取出色素，再用柱色谱法进行分离。

胡萝卜素极性最小，当用石油醚-丙酮洗脱时，随溶剂流动较快，第一个被分离出；叶黄素分子中含有两个极性的羟基，增加洗脱剂中丙酮的比例，便随溶剂流出；叶绿素分子中极性基团较多，可用正丁醇-乙醇-水混合溶剂将其洗脱。

【实验用品】

菠菜叶（新鲜）　丙酮　石油醚（60～90℃馏分）　乙醇（95％）　无水硫酸镁　中性氧化铝（150～160目）

低沸易燃物蒸馏装置　酸式滴定管（25mL）　减压过滤装置　电炉与调压器　分液漏斗（125mL）　滴液漏斗（125mL）　锥形瓶（100mL）　烧杯（200mL）　玻璃漏斗　水浴锅　铁架台　玻璃棒　脱脂棉　剪刀　研钵　量筒

【实验步骤】

1. 萃取、分离

将新鲜菠菜叶洗净晾干，称取20g，剪切成碎块放入研钵中。初步捣烂后，加入20mL体积比为2：1的石油醚-乙醇溶液，研磨约5min[1]。减压过滤。滤渣放回研钵中，重新加入10mL 2：1石油醚-乙醇溶液，研磨后抽滤。再用10mL混合溶剂重复上述操作一次。

2．洗涤、干燥

合并三次抽滤的萃取液，转入分液漏斗中，用20mL蒸馏水分两次洗涤[2]，以除去水溶性杂质及乙醇。分去水层后，将石油醚层（在哪一层？）倒入干燥的100mL锥形瓶中，加入适量无水硫酸钠干燥。

3. 回收溶剂

将干燥好的萃取液滤入100mL圆底烧瓶中，安装低沸易燃物蒸馏装置。用水浴加热蒸馏，回收石油醚。当烧瓶内液体剩下约5mL时[3]，停止蒸馏。

4. 色谱分离

（1）装柱　用25mL酸式滴定管代替色谱柱。取少许脱脂棉，用石油醚浸润后，挤压以驱除气泡，然后借助长玻璃棒将其放入色谱柱底部，上面再覆盖一片直径略小于柱径的圆形滤纸。关好旋塞后，加入约20mL石油醚，将色谱柱固定在铁架台上。从色谱柱上口通过玻璃漏斗缓缓加入20g中性氧化铝，同时小心打开旋塞，使柱内石油醚高度保持不变（放出的石油醚用小烧杯接收），并最终高出氧化铝表面约2mm[4]。装柱完毕，关好旋塞。

（2）加入色素　将上述菠菜色素的浓缩液，用滴管小心加入色谱柱内，滴管及盛放浓缩液的容器用2mL石油醚冲洗，洗涤液也加入柱中。加完后，打开下端旋塞，让液面下降到柱面以下约1mm，关闭旋塞，在柱顶滴加石油醚至超过柱面1mm左右，再打开旋塞，使液面下降。如此反复操作几次，使色素全部进入柱体。最后再滴加石油醚至超过柱面2mm处。

（3）洗脱　在柱顶安装滴液漏斗，内盛约50mL体积比为9：1的石油醚-丙酮溶液。同时打开滴液漏斗及柱下端的旋塞，让洗脱剂逐滴放出，柱色谱即开始进行。先用烧杯在柱底接收流出液体。当第一个色带即将滴出时，换一个洁净干燥的小锥形瓶接收，得橙黄色溶液，即胡萝卜素。

在滴液漏斗中加入体积比为7：3的石油醚-丙酮溶液，当第二个黄色带即将滴出时，换一个锥形瓶，接收叶黄素[5]。

最后用体积比为 3∶1∶1 的正丁醇-乙醇-水为洗脱剂（约需 30mL），分离出叶绿素。将收集的三种色素提交给实验教师。

**【注释】**

[1] 应尽量研细。通过研磨，使溶剂与色素充分接触，并将其浸取出来。

[2] 洗涤时，要轻轻振摇，以防产生乳化现象。

[3] 不可蒸得太干，以避免色素溶液浓度较高，由烧瓶倒出时，沾到内壁上，造成损失。

[4] 应注意使氧化铝在整个实验过程中始终保持在溶剂液面下。

[5] 叶黄素易溶于醇，而在石油醚中溶解度较小，所以在此提取液中含量较低，以致有时不易从柱中分出。

**【实验指南与安全提示】**

1. 也可选用韭菜、油菜等其他绿叶蔬菜作为实验原料。

2. 石油醚易挥发，易燃，使用时应注意防火。

**【思考题】**

1. 绿色植物中主要含有哪些天然色素？

2. 叶绿素在植物生长过程中起什么作用？

3. 本实验是如何从菠菜叶中提取色素的？

4. 分离色素时，为什么胡萝卜素最先被洗脱？三种色素的极性大小顺序如何？

5. 蔬菜中胡萝卜的胡萝卜素含量较高，试设计一合适的实验方案进行提取。

# * 实验 5-9　实用化学品的配制

化学与人们的生活密切相关，人们每天都要和化学品打交道。但是你知道这些化学品的制备过程吗？你想过自己动手配制一些常见的日用化学品吗？例如，人们经常照镜子，镜子是怎样制作出来的？人们使用的护肤霜的主要成分是什么？深受人们喜爱的冷饮品中含有哪些物质？当你的衣物被油渍、汗渍或墨迹沾污后，你该采用什么方法去清除它们？

这里介绍几种实用化学品的配制（或制备）方法，不妨亲自动手试一试，品尝一下享受自己劳动成果的滋味。

## 一、化学制镜

化学制镜就是根据银镜反应原理，利用银氨溶液在平面玻璃上镀银。为了保护银层，使其不易霉变或剥落，需在镀层表面涂上一层快干漆或其他油漆。干后即得镜子成品。具体操作步骤如下。

### 1. 配制溶液

（1）甲溶液（银氨液）的配制　称取 1g 硝酸银，放入 50mL 烧杯中，加入 20mL 蒸馏水，搅拌使其溶解后再加入 4mL 25％氢氧化钾溶液，立即有大量沉淀生成。在不断搅拌下，向烧杯中滴加浓氨水至沉淀刚好溶解。

（2）乙溶液（还原液）的配制　称取 0.5g 葡萄糖，溶于 12mL 蒸馏水中。

### 2. 处理玻璃表面

取一块 20cm×15cm 的长方形平面玻璃，先用氧化铁擦拭玻璃表面，再用自来水冲洗干净。然后依次用 10％氢氧化钠溶液、自来水、稀盐酸溶液、自来水、95％乙醇溶液将玻璃表面进行彻底清洗。最后再用 2mol/L 氯化亚锡溶液敷涂玻璃表面擦洗，并用蒸馏水冲洗两次[1]。

### 3. 镀银

将已处理洁净的玻璃水平放置在木架上[2]，快速混合甲、乙溶液（混匀！），并立即将混合液均匀地泼洒在玻璃表面上，几分钟后，即可出现银镜[3]。

### 4. 洗涤

先用蒸馏水淋洗银层一次，再用 95％乙醇冲洗一次[4]，自然晾干。

### 5. 涂漆

用刷子蘸取快干漆[5]，均匀地涂刷在镀层表面，自然晾干。

【注释】

[1] 制作镜子的玻璃表面必须十分洁净，否则不利于单质银附着，镀层也很难均匀。

[2] 玻璃必须放得很平、很稳，不能倾斜或摆动，否则会使镀出的银层薄厚不均，影响质量。

[3] 此时可观察银层厚度与效果，如嫌太薄或效果不佳，可重镀一层。

[4] 葡萄糖溶液长期放置会发酵，若不及时清洗干净，镜子容易发生霉变。

[5] 快干漆配方：氧化铅（PbO，俗称密陀僧）1 份、钛白粉（$TiO_2$）3 份、酚醛清漆 1 份，用适量汽油调匀即可。黏度以能用刷子顺利操作为宜。

【实验指南与安全提示】

1. 配制银氨溶液时，氨水不能过量，否则不利于单质银附着，镀层也很难均匀。

2. 镀银时，甲、乙液应快速混匀，并迅速泼洒在玻璃上，以保证镀银效果。

## 二、护肤霜的制备

护肤霜是护肤、美容的化妆品，因其外观洁白如雪，涂抹在皮肤上顿时消失不见，犹如雪花一样，因此又叫雪花膏。通常制成水包油型乳状体，是一种非油腻性的护肤用品。

护肤霜的主要成分是硬脂酸，加入适量的乳化剂（使油水交融，形成具有一定厚度、难以离析的乳化体）、保湿剂（保持皮肤表面水分，使皮肤柔润不干燥，并能防止护肤霜放置时干缩）、香精（调节香气）和防腐剂（防止护肤霜长期贮藏和使用时变质）等。

### 1. 配方

硬脂酸（14g）　单硬脂酸甘油酯（1g）　白油（1g）　甘油（6.5mL）　香精（0.5g）氢氧化钾（0.5g）　鲸蜡醇（1g）　蒸馏水（75mL）　对羟基苯甲酸乙酯（0.5g）

### 2. 制法

将 14g 硬脂酸（一级品[1]）、1g 单硬脂酸甘油酯、1g 鲸蜡醇和 1g 白油加入 200mL 烧杯中，用恒温水浴加热，使物料熔化，并将温度保持在约 90℃。

在另一烧杯中加入 0.5g 氢氧化钾和 75mL 蒸馏水，搅拌使其溶解，并将此溶液也加热至 90℃。

在不断搅拌下，将碱液缓慢加入盛有硬脂酸等物料的烧杯中[2]，此间应始终保持温度不变[3]。碱液加完后，继续搅拌，直到完全乳化，生成乳白色糊状软膏。停止搅拌，继续加热 10min。

将烧杯从水浴中取出，自然降温。当温度降至 50℃以下时，加入 0.5g 对羟基苯甲酸乙酯、0.5g 香精[4]和 6.5mL 甘油，搅拌均匀，即为成品。可移入合适的容器中保存。

【注释】

　　[1] 硬脂酸一级品是指经过三次压榨的高质量硬脂酸，不饱和脂肪酸的含量较低，耐氧化性较强。

　　[2] 加入氢氧化钾的目的是使其与部分硬脂酸作用，生成硬脂酸钾，作为乳化剂。用碱量不可随意增减。用量少，硬脂酸和水不能充分乳化，胶体不稳定；用量多，碱性强，会刺激皮肤。

　　[3] 应严格控制反应温度。温度过高，硬脂酸会发生部分分解，使膏体发黄；温度过低或加碱速度太快，搅拌不均匀，则会造成膏体粗糙，影响质量。碱液应随时加热，保持温度在90℃左右。

　　[4] 香精宜选用颜色较浅，气味清淡，无刺激性的，如桂花香型、茉莉香型和玫瑰香型等。

## 三、洗发乳的制备

　　洗发乳是常用的膏状头发清洗剂。具有泡沫丰富，去污性强，使洗后头发柔顺、光亮、易于梳理等特点。

　　洗发乳的主要成分是洗涤剂月桂醇硫酸钠和硬脂酸钾（也称软皂）。加入适量的月桂酰二乙醇胺与羊毛脂作为乳化剂和保湿剂，可增加洗发乳的黏稠度和润湿性，便于吸收水分、渗入皮肤，增强发质的光泽，并具有杀菌消毒等功效。

　　1. 配方

　　硬脂酸（3g）　月桂醇硫酸钠[1]（20g）　氢氧化钾溶液（8％，5mL）　碳酸氢钠（12g）月桂酰二乙醇胺（5g）　羊毛脂（2g）　蒸馏水（53mL）　香精、防腐剂和颜料[2]（适量）

　　2．制法

　　在200mL烧杯中，加入3g硬脂酸和23mL蒸馏水，将烧杯置于水浴中加热，使硬脂酸熔化，并保持溶液温度约90℃。

　　在另一烧杯中，加入5mL 8％氢氧化钾溶液、20g月桂醇硫酸钠和30mL蒸馏水，混匀后也于水浴中加热至90℃。

　　在不断搅拌下，将碱性溶液缓慢加入硬脂酸溶液中。此间应随时加热碱性溶液，以保证反应液温度维持在90℃左右。然后边搅拌边依次加入5g月桂酰二乙醇胺、2g羊毛脂和12g碳酸氢钠。当反应物成白色稠糊状时，停止加热。待自然冷却至40℃以下时再加入0.3g香精、防腐剂和少量颜料（可选择自己喜欢的颜色），搅拌均匀即为成品，移入合适的容器中保存并使用。

【注释】

　　[1] 月桂醇硫酸钠可自行配制。由月桂醇（即十二醇）与浓硫酸作用生成硫酸氢酯，再用氢氧化钠溶液处理，即得月桂醇硫酸钠：

$$CH_3(CH_2)_{10}CH_2OH + H_2SO_4(浓) \longrightarrow CH_3(CH_2)_{10}CH_2OSO_3H + H_2O$$
十二醇　　　　　　　　　　硫酸氢月桂醇酯
$$CH_3(CH_2)_{10}CH_2OSO_3H + NaOH \longrightarrow CH_3(CH_2)_{10}CH_2OSO_3Na + H_2O$$
月桂醇硫酸钠

　　[2] 颜料可用钛白粉或酸性黄等。

## 四、冷饮品的配制

　　炎热的夏季，汽水和冰淇淋是深受人们喜爱的清凉饮品。

　　汽水的主要成分之一是二氧化碳，它能把人体内的热量带出，产生凉爽的感觉，可以消暑解热。

冰淇淋以牛乳与乳制品为主要原料，配以鸡蛋、白糖及食用香精等，既具有丰富的营养价值，又能生津开胃，清凉解热，是高级冷饮品。

### 1. 汽水的配制

（1）配方　白糖（30g）　柠檬酸（6g）　碳酸氢钠（3g）　食用香精（3滴）　冷开水（500mL）

（2）制法　先将各成分分别用少量水溶解。再将白糖溶液与碳酸氢钠溶液混合，滴入香精（可根据自己口味选择不同香型的香精）后，置于能承受一定压力的汽水瓶中，补足水量，混匀。将柠檬酸溶液迅速倒入其中并马上加盖塞紧，放入冰箱冷藏后饮用。

**附：高温岗位盐汽水的配制**

（1）配方　食醋（55g）　碳酸氢钠（10g）　柠檬酸（7g）　食盐（3g）　糖精（0.1g）　香精（0.3g）　冷开水（1500mL）

（2）制法　将各成分分别用少量水溶解后倒入一适当容器中（柠檬酸溶液最后加入），立即加盖塞紧，轻轻振摇混匀，放入冰箱冷藏后饮用。

本品可供高温工作岗位职工做清凉饮料服用。可起到降温、解暑、补充盐分的作用。

### 2. 冰淇淋的配制

（1）配方　全脂奶粉（20g）　奶油（15g）　甜炼乳（20g）　砂糖（25g）　鸡蛋（20g）　香精（少许）　水（100mL）

（2）制法　在400mL烧杯中，加入20g奶粉和20mL水，调成糊状后，再加入80mL水，在不断搅拌下加热煮沸。

在另一容器中将25g砂糖和20g鸡蛋混合搅匀后倒入奶粉溶液中，边搅拌边缓慢加热到75℃，停止加热，不断搅拌至有一定稠度为止。静置冷却后，加入20g甜炼乳、15g奶油和少许香精，混合均匀后放入冰箱，冷却后即可食用。

## 五、衣物清洗剂的配制

日常生活中，经常遇到衣物被各种污渍沾污的情形。有些污渍，用肥皂和洗衣粉等一般的洗涤剂难以洗去。这时，可根据污渍的类别和性质，选择适当的溶剂配制成复合清洗剂，便可顺利地清除污渍。

### 1. 清除油污渍

（1）动、植物油渍　可用脱脂棉团蘸取汽油、乙醚、丙酮或乙酸异戊酯等有机溶剂擦除。

（2）机器油渍　先用优质汽油擦拭，然后在油污处上下各垫一张吸墨纸，用熨斗低温熨烫，直至油污被吸尽，再用普通洗涤剂清洗。

（3）圆珠笔油渍　先用40℃温水浸透油污处，再用脱脂棉团蘸苯擦拭，最后再用普通洗涤剂清洗。

（4）烟油渍　先用汽油擦洗，再用2%草酸溶液擦洗，最后用清水洗净。

若油污沾染时间较长，用上述方法难以除去时，可试用下列混合溶剂：

将乙醚、松节油和酒精按1：2：10（体积比）的比例混合均匀后，用脱脂棉球蘸取混合溶剂擦拭污处。

对于顽固性油渍，还可按下表配制复合清洗剂加以洗涤，可达到理想的效果。

| 溶 剂 名 称 | 用量/份 | 溶 剂 名 称 | 用量/份 |
|---|---|---|---|
| 油酸 | 0.5 | 乙酸乙酯 | 1.5 |
| 苯 | 1.5 | 四氯化碳 | 1.5 |
| 甲苯 | 5 | | |

高档服装（如毛料制品）上沾污油渍，最好使用干洗剂，可以避免用水漂洗留下水痕和影响色泽等，且洗后衣物不变形，纤维不损伤。

干洗剂的配方如下：

| 溶 剂 名 称 | 用量/份 | 溶 剂 名 称 | 用量/份 |
|---|---|---|---|
| 四氯乙烯 | 60 | 油酸乙二醇酯 | 2 |
| 汽油 | 20 | 香茅油 | 少许 |
| 苯 | 18 | | |

（5）油漆污渍　新沾染的油漆渍可用苯、汽油或松节油擦拭、清洗。陈旧漆渍可用1:1的乙醇和松节油混合溶剂擦洗。顽固者可按下列配方配制混合清洗剂进行擦拭后，再用10%氨水擦拭，最后用清水洗涤。

| 溶 剂 名 称 | 用量/份 | 溶 剂 名 称 | 用量/份 |
|---|---|---|---|
| 95%乙醇 | 10 | 汽油 | 30 |
| 丙酮 | 30 | 乙酸乙酯 | 30 |

### 2. 清除墨水污渍

（1）蓝墨水渍　用2%草酸溶液洗涤后，再用肥皂或洗涤剂洗，最后用水清洗。如不能使墨迹除尽，还可用1g草酸、1g柠檬酸和1g酒石酸加少量水溶解，制成混合清洗剂加以清除。

白色衣服上的墨水可按下表配制洗涤液进行清洗。

| 溶 剂 名 称 | 用量/份 | 溶 剂 名 称 | 用量/份 |
|---|---|---|---|
| 漂白粉 | 1.5 | 硼酸 | 0.5 |
| 碳酸钠 | 2 | 水 | 16 |

（2）墨汁渍　新沾墨汁可用米饭或面糊揉搓，然后用纱布擦除污物，再用洗涤剂和清水冲洗。旧墨汁渍可用1:2酒精和肥皂液进行洗涤。

### 3. 清除瓜果汁渍

刚染上的瓜果汁，立即用盐水揉洗，便可除去。时间稍长者，可用5%氨水擦洗，再用肥皂或洗涤剂洗，最后用清水洗涤。桃汁中含有高价铁，可用2%草酸溶液加以清除。

### 4. 清除血迹

衣服染上血迹后，不能用热水洗，可采用以下几种方法去除。

① 对于不易褪色的衣服（如白色），可先用5%氯化钠溶液擦拭，再用10:1（水:双氧水）溶液浸润片刻，最后用清水洗净。

② 容易褪色的衣物染上血渍后，可用淀粉加入少量水调成的浆汁涂在痕迹处，干后搓去淀粉固体，再用洗涤剂和水漂洗干净。

③ 将白醋与淀粉浆按 1∶5 混合后，清除血渍也很有效。

④ 将阿司匹林药片碾碎后，加少许水，调成糊状，涂在血迹处，片刻后加以揉搓，也可将血迹除掉。

### 5. 清除汗渍

① 不易褪色的衣服，可先用 2% 草酸溶液擦洗，再用 1% 双氧水洗，最后用清水漂洗。也可用 1% 硫代硫酸钠溶液擦洗后再用清水洗涤。

② 颜色鲜艳的衣服，可将氨水、双氧水和水按 1∶2∶6（体积比）的比例混合均匀，用脱脂棉团蘸取此混合溶液进行擦洗，再用清水漂洗。

③ 毛料服装不宜用氨水洗涤。可在加有少许食醋的冷水中浸泡后清洗。

④ 对于领口、袖口及背心汗衫上的顽固汗渍，可将酒精、氨水和丙酮按 1∶1∶1（体积比）比例混合，浸洗后再用洗涤剂和清水洗净。

### 6. 清除酒渍

（1）啤酒污渍　白色衣服洒上啤酒时，可先用 8% 漂白粉溶液浸泡，再用 1% 氨水洗涤，最后用清水漂洗干净。

花色衣服上的啤酒痕迹可先用 1% 双氧水擦拭，再用加有几滴氨水的清水洗涤。

（2）白酒污渍　白色衣物上的酒渍，可用新煮开的牛奶除去。深色或花色衣物上的酒渍用 1% 氨水擦洗后再用水清洗。

时间较长的酒渍需先用清水洗涤，再用 2% 氨水和 3% 硼砂水的混合液搓洗，最后用清水漂洗。

### 7. 清除茶渍

新茶渍用热水即可洗去。旧茶渍可用浓盐水浸洗或 1∶10 氨水和甘油混合液搓洗。毛织物先用 10% 甘油擦拭，再用清水洗净。

### 8. 清除酱油渍

酱油污渍可先用 5% 洗涤剂溶液加 2% 氨水混合液擦洗，再用清水洗涤。也可先用 2% 硼砂溶液擦洗，再用清水洗涤。

### 9. 清除青草汁渍

衣服沾染青草汁后，可先用浓盐水搓洗，或用稀氨水与肥皂液的混合溶液搓洗，然后再用水清洗。

### 10. 清除铁锈斑迹

① 浅色衣服上的铁锈可用 2% 草酸溶液洗去。也可将衣服润湿后，用草酸晶体搓洗，再用小苏打水洗涤，最后用清水漂洗。

② 深色衣物可在铁锈处滴加白醋浸润 3～5min 后用清水漂洗。

### 11. 清除霉斑污迹

衣物存放不当产生的霉斑，可先用刷子刷去表面霉物，再用酒精擦洗斑痕，或用 2% 氨水擦洗，然后用清水洗净。丝绸织物可在冷水中加入少许柠檬汁洗涤。毛料衣物先用纱布蘸取松节油擦拭，再用洗涤剂和清水洗涤。

# 附 录

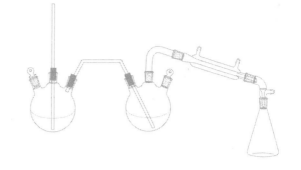

## 附录一　常用试剂的配制

### 一、氯化亚铜氨溶液

称取 0.5g 氯化亚铜，溶解于 10mL 浓氨水中，再用水稀释至 25mL。过滤，除去不溶性杂质。

氯化亚铜氨溶液应为无色透明液体。但由于亚铜盐在空气中很容易被氧化成二价铜盐，使溶液变成蓝色，将会掩蔽乙炔亚铜的红色沉淀。此时可将上述滤液稍稍加热，边搅拌边缓慢加入羟胺盐酸盐，至蓝色消失为止。

羟胺盐酸盐是强还原剂，可使生成的 $Cu^{2+}$ 还原成 $Cu^+$：

$$4Cu^{2+} + 2NH_2OH \longrightarrow 4Cu^+ + N_2O + 4H^+ + H_2O$$

### 二、饱和溴水

称取 15g 溴化钾，溶解于 100mL 蒸馏水中，再加入 10g 溴，摇匀即可。

### 三、碘-碘化钾溶液

称取 20g 碘化钾，溶解于 100mL 蒸馏水中，再加入 10g 研细的碘粉。搅拌使其完全溶解，得深红色溶液，保存在棕色试剂瓶中，于避光处放置。

### 四、卢卡斯试剂

称取 34g 无水氯化锌，在蒸发皿中加热熔融，并不断搅拌。稍冷后，放入干燥器中冷至室温。

将盛有 23mL 浓盐酸（相对密度 1.19）的烧杯置于冰-水浴中冷却（以防氯化氢逸出），边搅拌边加入上述干燥的无水氯化锌。

此试剂极易吸水失效，所以一般是临用前配制。

### 五、饱和亚硫酸氢钠溶液

称取 67g 亚硫酸氢钠，溶解于 100mL 蒸馏水中，再加入 25mL 不含醛的无水乙醇，混匀后若有晶体析出，需过滤除去。

饱和亚硫酸氢钠溶液不稳定，容易分解和氧化，因此不能久存，宜在实验前临时配制。

## 六、1%酚酞溶液

称取 1g 酚酞，溶解于 90mL 95％乙醇中，再加水稀释至 100mL。

## 七、铬酸试剂

称取 25g 铬酸酐（$CrO_3$），加入 25mL 浓硫酸，搅拌均匀成糊状物。在不断搅拌下，将此糊状物小心倒入 75mL 蒸馏水中，混匀，即得到澄清的橘红色溶液。

## 八、苯酚溶液

称取 5g 苯酚，溶解于 50mL 5％氢氧化钠溶液中。

## 九、β-萘酚溶液

称取 5g $β$-萘酚溶液，溶解于 50mL 5％氢氧化钠溶液中。

## 十、α-萘酚乙醇溶液

称取 2g $α$-萘酚，溶解于 20mL 95％乙醇中，用 95％乙醇稀释至 100mL，贮存在棕色瓶中。一般在使用前配制。

## 十一、2，4-二硝基苯肼试剂

① 称取 1.2g 2,4-二硝基苯肼，溶解于 50mL 30％高氯酸溶液中，搅拌均匀，贮存在棕色瓶中。

② 将 2,4-二硝基苯肼溶解于 2mol/L 盐酸溶液中，配成饱和溶液。

## 十二、希夫试剂（又称品红试剂）

称取 0.2g 品红盐酸盐，溶解于 100mL 热水中，放置冷却后，加入 2g 亚硫酸氢钠和 2mL 浓盐酸，再用蒸馏水稀释至 200mL。

## 十三、斐林试剂

斐林试剂由斐林试剂 A 和斐林试剂 B 组成。使用时将两者等体积混合，配制方法如下。

斐林试剂 A：称取 7g 硫酸铜晶体（$CuSO_4 \cdot 5H_2O$）溶解于 100mL 蒸馏水中，得淡蓝色溶液。

斐林试剂 B：称取 34.6g 酒石酸钾钠和 14g 氢氧化钠，溶解于 100mL 水中。

## 十四、本尼迪克试剂

本尼迪克试剂是斐林试剂的改进，性质稳定，可长期保存，使用方便。配制方法如下。

称取 4.3g 硫酸铜晶体（$CuSO_4 \cdot 5H_2O$）溶解于 50mL 蒸馏水中，制成溶液 A。

称取 43g 柠檬酸钠及 25g 无水碳酸钠，溶解于 200mL 蒸馏水中，制成溶液 B。

在不断搅拌下，将 A 溶液缓慢加入 B 溶液中，混匀后贮存在试剂瓶中。

本尼迪克试剂除用于鉴定醛酮外，还可用于检验糖尿病人的尿糖含量。在病人的尿样中滴加本尼迪克试剂，如出现红色沉淀记为"＋＋＋＋"、黄色沉淀记为"＋＋＋"、绿色沉淀记为"＋＋"，蓝色溶液不变，则检验结果为阴性。

## 十五、苯肼试剂

① 在 100mL 的烧杯中，加入 5mL 苯肼和 50mL 10％醋酸溶液，再加入 0.5g 活性炭，搅拌后过滤，将滤液保存在棕色试剂瓶中。

② 称取 5g 苯肼盐酸盐，溶解于 160mL 蒸馏水中，再加入 0.5g 活性炭，搅拌脱色后过滤。在滤液中加入 9g 醋酸钠晶体，搅拌使其溶解，贮存在棕色试剂瓶中。

苯肼盐酸盐与醋酸钠经复分解反应生成苯肼醋酸盐，后者是弱酸弱碱盐，在水溶液中发生分解，生成苯肼：

$$C_6H_5NHNH_2 \cdot HCl + CH_3COONa \longrightarrow C_6H_5NHNH_2 \cdot CH_3COOH + NaCl$$

$$C_6H_5NHNH_2 \cdot CH_3COOH \underset{}{\overset{H_2O}{\rightleftharpoons}} C_6H_5NHNH_2 + CH_3COOH$$

游离的苯肼难溶于水，所以不能直接使用。

## 十六、羟胺试剂

称取 1g 盐酸羟胺，溶解于 200mL 95％乙醇中，加入 1mL 甲基橙指示剂，再逐滴加入 5％氢氧化钠乙醇溶液，至混合液颜色刚刚变为橙黄色（pH 为 3.7～3.9）为止。贮存在棕色试剂瓶中。

## 十七、蛋白质溶液

取 25mL 蛋清，加入 100mL 蒸馏水，搅拌均匀后，用 2～3 层纱布过滤，滤除球蛋白即得清亮的蛋白质溶液。

## 十八、蛋白质-氯化钠溶液

取 20mL 新鲜蛋清，加入 30mL 蒸馏水和 50mL 饱和食盐水，搅拌溶解后，用 2～3 层纱布过滤。此溶液中含有球蛋白和清蛋白。

## 十九、茚三酮试剂

称取 0.1g 茚三酮，溶解于 50mL 蒸馏水中。此溶液不稳定，配制后应在两日内使用，久置易变质失灵。

## 二十、1％淀粉溶液

称取 1g 可溶性淀粉，溶解于 5mL 冷蒸馏水中，搅成稀浆状，然后在搅拌下将其倒入

94mL 沸水中，即得到近于透明的胶状溶液，放冷后贮存在试剂瓶中。

# 附录二　常用有机溶剂的纯化

在有机化学实验中，经常使用各类溶剂作为反应介质或用来分离提纯粗产物。由于反应的特点和物质的性质不同，对溶剂规格的要求也不相同。有些反应（如格氏试剂的制备反应）对溶剂的要求较高，即使微量杂质或水分的存在，也会影响实验的正常进行。这种情况下，就需对溶剂进行纯化处理，以满足实验的正常要求。这里介绍几种实验室中常用的有机溶剂的纯化方法。

## 一、无水乙醚

市售乙醚中常含有微量水、乙醇和其他杂质，不能满足无水实验的要求。可用下述方法进行处理，制得无水乙醚。

在 250mL 干燥的圆底烧瓶中，加入 100mL 乙醚和几粒沸石，装上回流冷凝管。将盛有 10mL 浓硫酸的滴液漏斗通过带有侧口的橡胶塞安装在冷凝管上端。

接通冷凝水后，将浓硫酸缓慢滴入乙醚中，由于吸水作用产生热，乙醚会自行沸腾。

当乙醚停止沸腾后，拆除回流冷凝管，补加沸石后，改成蒸馏装置，用干燥的锥形瓶作接收器。在接液管的支管上安装一支盛有无水氯化钙的干燥管，干燥管的另一端连接橡胶管，将逸出的乙醚蒸气导入水槽中。

用事先准备好的热水浴加热蒸馏，收集 34.5℃馏分 70～80mL，停止蒸馏。烧瓶内所剩残液倒入指定的回收瓶中（切不可向残液中加水！）。

向盛有乙醚的锥形瓶中加入 1g 钠丝，然后用带有氯化钙干燥管的塞子塞上，以防止潮气侵入并可使产生的气体逸出。放置 24h，使乙醚中残存的痕量水和乙醇转化为氢氧化钠和乙醇钠。如发现金属钠表面已全部发生作用，则需补加少量钠丝，放置至无气泡产生，金属钠表面完好，即可满足使用要求。

## 二、绝对乙醇

市售的无水乙醇一般只能达到 99.5% 的纯度，而许多反应中需要使用纯度更高的绝对乙醇，可按下法制取。

在 250mL 干燥的圆底烧瓶中，加入 0.6g 干燥纯净的镁丝和 10mL 99.5% 的乙醇，安装回流冷凝管，冷凝管上口附加一支无水氯化钙干燥管。

在沸水浴上加热至微沸，移去热源，立刻加入几粒碘（注意此时不要振荡），可见随即在碘粒附近发生反应，若反应较慢，可稍加热，若不见反应发生，可补加几粒碘。

当金属镁全部作用完毕后，再加入 100mL 99.5% 乙醇和几粒沸石，水浴加热回流 1h。

改成蒸馏装置，补加沸石后，水浴加热蒸馏，收集 78.5℃馏分，贮存在试剂瓶中，用橡胶塞或磨口塞封口。

此法制得的绝对乙醇，纯度可达 99.99%。

### 三、丙酮

市售丙酮中往往含有甲醇、乙醛和水等杂质，可用下述方法提纯。

在 250mL 圆底烧瓶中，加入 100mL 丙酮和 0.5g 高锰酸钾，安装回流冷凝管，水浴加热回流。若混合液紫色很快消失，则需补加少量高锰酸钾，继续回流，直到紫色不再消失为止。

改成蒸馏装置，加入几粒沸石，水浴加热蒸出丙酮，用无水碳酸钾干燥 1h。

将干燥好的丙酮倾入 250mL 圆底烧瓶中，加入沸石，安装蒸馏装置（全部仪器均须干燥！）。水浴加热蒸馏，收集 55.0～56.5℃馏分。

### 四、乙酸乙酯

市售的乙酸乙酯常含有微量水、乙醇和乙酸。可先用等体积的 5％碳酸钠溶液洗涤，再用饱和氯化钙溶液洗涤，酯层倒入干燥的锥形瓶中，加入适量无水碳酸钾干燥 1h 后，蒸馏，收集 77.0～77.5℃馏分。

### 五、石油醚

石油醚是低级烷烃的混合物。根据沸程范围不同，可分为 30～60℃、60～90℃和 90～120℃等不同规格。

石油醚中常含有少量沸点与烷烃相近的不饱和烃，难以用蒸馏法进行分离，此时可用浓硫酸和高锰酸钾将其除去。方法如下。

在 150mL 分液漏斗中，加入 100mL 石油醚，用 10mL 浓硫酸分两次洗涤，再用 10％硫酸与高锰酸钾配制的饱和溶液洗涤，直至水层中紫色不再消失为止。用蒸馏水洗涤两次后，将石油醚倒入干燥的锥形瓶中，加入无水氯化钙干燥 1h。蒸馏，收集需要规格的馏分。

### 六、氯仿

普通氯仿中含有 1％乙醇（这是为防止氯仿分解为有毒的光气，作为稳定剂加进去的）。除去乙醇的方法是用水洗涤氯仿 5～6 次后，将分出的氯仿用无水氯化钙干燥 24h，再进行蒸馏，收集 60.5～61.5℃馏分。纯品应装在棕色瓶内，置于暗处避光保存。

### 七、苯

普通苯中可能含有少量噻吩，除去的方法是用少量（约为苯体积的 15％）浓硫酸洗涤数次，再分别用水、10％碳酸钠溶液和水洗涤。分离出苯，置于锥形瓶中，用无水氯化钙干燥 24h 后，水浴加热蒸馏，收集 79.5～80.5℃馏分。

## 附录三　有毒化学品及其极限安全值

许多化学品具有不同程度的毒性，轻者可引起人体慢性中毒，重者则能使人快速中毒甚至致死。使用这些化学品时，应注意其极限安全值（TLV）。有毒物质的极限安全值是指在空气中含有该物质蒸气或粉尘的浓度。在此限度以内，一般人即便重复接触也不致引起毒害。

## 一、毒性气体

| 毒 性 物 质 | 极限安全值/($\mu g/g$) | 毒 性 物 质 | 极限安全值/($\mu g/g$) |
|---|---|---|---|
| 氟 | 0.1 | 氯化氢 | 3 |
| 光气 | 0.1 | 二氧化氮 | 5 |
| 臭氧 | 0.1 | 亚硝酰氯 | 5 |
| 重氮甲烷 | 0.2 | 氰化氢 | 10 |
| 磷化氢 | 0.3 | 硫化氢 | 10 |
| 三氟化硼 | 1 | 一氧化碳 | 50 |
| 氯 | 1 | | |

## 二、毒性或刺激性液体

| 毒 性 物 质 | 极限安全值/($\mu g/g$) | 毒 性 物 质 | 极限安全值/($\mu g/g$) |
|---|---|---|---|
| 羰基镍 | 0.001 | 硫酸二甲酯 | 1 |
| 异氰酸甲酯 | 0.02 | 硫酸二乙酯 | 1 |
| 丙烯醛 | 0.1 | 四溴乙烷 | 1 |
| 溴 | 0.1 | 烯丙醇 | 2 |
| 3-氯丙烯 | 1 | 2-丁烯醛 | 2 |
| 苯氯甲烷 | 1 | 氢氟酸 | 3 |
| 苯溴甲烷 | 1 | 四氯乙烷 | 5 |
| 三氯化硼 | 1 | 苯 | 10 |
| 三溴化硼 | 1 | 溴甲烷 | 15 |
| 2-氯乙醇 | 1 | 二硫化碳 | 20 |

## 三、毒性固体

| 毒 性 物 质 | 极限安全值/($\mu g/m^3$) | 毒 性 物 质 | 极限安全值/($\mu g/m^3$) |
|---|---|---|---|
| 三氧化铼 | 0.002 | 砷化合物 | 0.5 |
| 烷基汞 | 0.01 | 五氧化二钒 | 0.5 |
| 铊盐 | 0.1 | 草酸和草酸盐 | 1 |
| 硒化合物 | 0.2 | 无机氰化物 | 5 |

## 四、其他有害物质

### 1. 卤化物

| 有 害 物 质 | 极限安全值/($\mu g/g$) | 有 害 物 质 | 极限安全值/($\mu g/g$) |
|---|---|---|---|
| 溴仿 | 0.5 | 1,2-二溴乙烷 | 20 |
| 碘化钾 | 5 | 1,2-二氯乙烷 | 50 |
| 四氯化碳 | 10 | 溴乙烷 | 200 |
| 氯仿 | 10 | 二氯甲烷 | 200 |

### 2. 胺类

| 有 害 物 质 | 极限安全值/($\mu g/g$) | 有 害 物 质 | 极限安全值/($\mu g/g$) |
|---|---|---|---|
| 对苯二胺 | 0.1mg/$m^3$ | 苯胺 | 5 |
| 甲氧基苯胺 | 0.5mg/$m^3$ | 邻甲苯胺 | 5 |
| 对硝基苯胺 | 1 | 二甲胺 | 10 |
| $N$-甲基苯胺 | 2 | 乙胺 | 10 |
| $N,N$-二甲基苯胺 | 5 | 三乙胺 | 25 |

3. 酚类和硝基化合物

| 有 害 物 质 | 极限安全值/($\mu$g/g) | 有 害 物 质 | 极限安全值/($\mu$g/g) |
|---|---|---|---|
| 苦味酸 | 0.1 | 硝基苯 | 1 |
| 二硝基苯酚 | 0.2 | 苯酚 | 5 |
| 对硝基氯苯 | 1 | 甲苯酚 | 5 |
| 间二硝基苯 | 1 | | |

## 五、致癌物质

### 1. 芳胺类

联苯胺（及其衍生物）　　　　　　　　　　$\alpha$-萘胺

二甲氨基偶氮苯　　　　　　　　　　　　　$\beta$-萘胺

### 2. 亚硝基化合物

$N$-甲基-$N$-亚硝基苯胺　　　　　　　　　$N$-亚硝基二甲胺

$N$-甲基-$N$-亚硝基脲　　　　　　　　　　$N$-亚硝基氢化吡啶

### 3. 烷基化试剂

双（氯甲基）醚　　　　　　　　　　　　　硫酸二甲酯

氯甲基甲醚　　　　　　　　　　　　　　　碘甲烷

重氮甲烷　　　　　　　　　　　　　　　　$\beta$-羟基丙酸内酯

### 4. 稠环芳烃

苯并［$a$］芘　　　　　　　　　　　　　　二苯并［$c$，$g$］咔唑

二苯并［$a$，$h$］蒽　　　　　　　　　　二甲基苯并［$a$］蒽

### 5. 含硫化合物

硫代乙酰胺　　　　　　　　　　　　　　　硫脲

### 6. 石棉粉尘

## 附录四　常用元素原子量表

| 元 素 名 称 | 原子量 | 元 素 名 称 | 原子量 | 元 素 名 称 | 原子量 |
|---|---|---|---|---|---|
| 银 Ag | 107.8682 | 氟 F | 18.9984032 | 氧 O | 15.9994 |
| 铝 Al | 26.981539 | 铁 Fe | 55.845 | 磷 P | 30.973762 |
| 金 Au | 196.96654 | 氢 H | 1.00794 | 铅 Pb | 207.2 |
| 钡 Ba | 137.327 | 汞 Hg | 200.59 | 钯 Pd | 106.42 |
| 溴 Br | 79.904 | 碘 I | 126.90447 | 硫 S | 32.066 |
| 碳 C | 12.011 | 钾 K | 39.0983 | 锑 Sb | 121.760 |
| 钙 Ca | 40.078 | 镁 Mg | 24.3050 | 硅 Si | 28.0855 |
| 氯 Cl | 35.4527 | 锰 Mn | 54.93805 | 锡 Sn | 118.710 |
| 铬 Cr | 51.9961 | 氮 N | 14.00674 | 钒 V | 50.9415 |
| 钴 Co | 58.93320 | 钠 Na | 22.989768 | 锌 Zn | 65.39 |
| 铜 Cu | 63.546 | 镍 Ni | 58.6934 | | |

# 附录五　常用酸碱溶液的相对密度和质量浓度

## 一、盐酸

| HCl 的质量<br>分数/% | 相对密度<br>$d_4^{20}$ | 每 100mL 含 HCl<br>质量/g | HCl 的质量<br>分数/% | 相对密度<br>$d_4^{20}$ | 每 100mL 含 HCl<br>质量/g |
|---|---|---|---|---|---|
| 1 | 1.0031 | 1.003 | 22 | 1.1083 | 24.38 |
| 2 | 1.0081 | 2.006 | 24 | 1.1185 | 26.84 |
| 4 | 1.0179 | 4.007 | 26 | 1.1288 | 29.35 |
| 6 | 1.0278 | 6.167 | 28 | 1.1391 | 31.89 |
| 8 | 1.0377 | 8.301 | 30 | 1.1492 | 34.48 |
| 10 | 1.0476 | 10.48 | 32 | 1.1594 | 37.10 |
| 12 | 1.0576 | 12.69 | 34 | 1.1693 | 39.76 |
| 14 | 1.0676 | 14.95 | 36 | 1.1791 | 42.45 |
| 16 | 1.0777 | 17.24 | 38 | 1.1886 | 45.17 |
| 18 | 1.0878 | 19.58 | 40 | 1.1977 | 47.91 |
| 20 | 1.0980 | 21.96 | | | |

## 二、硫酸

| $H_2SO_4$ 的质量<br>分数/% | 相对密度<br>$d_4^{20}$ | 每 100mL 含 $H_2SO_4$<br>质量/g | $H_2SO_4$ 的质量<br>分数/% | 相对密度<br>$d_4^{20}$ | 每 100mL 含 $H_2SO_4$<br>质量/g |
|---|---|---|---|---|---|
| 1 | 1.0049 | 1.005 | 65 | 1.5533 | 101.0 |
| 2 | 1.0116 | 2.024 | 70 | 1.6105 | 112.7 |
| 3 | 1.0183 | 3.055 | 75 | 1.6692 | 125.2 |
| 4 | 1.0250 | 4.100 | 80 | 1.7272 | 138.2 |
| 5 | 1.0318 | 5.159 | 85 | 1.7786 | 151.2 |
| 10 | 1.0661 | 10.66 | 90 | 1.8144 | 163.3 |
| 15 | 1.1020 | 16.53 | 91 | 1.8195 | 165.6 |
| 20 | 1.1398 | 22.80 | 92 | 1.8240 | 167.8 |
| 25 | 1.1783 | 29.46 | 93 | 1.8279 | 170.0 |
| 30 | 1.2191 | 36.57 | 94 | 1.8312 | 172.1 |
| 35 | 1.2579 | 44.10 | 95 | 1.8337 | 174.2 |
| 40 | 1.3028 | 52.11 | 96 | 1.8355 | 176.2 |
| 45 | 1.3476 | 60.64 | 97 | 1.8364 | 178.1 |
| 50 | 1.3952 | 69.76 | 98 | 1.8361 | 179.9 |
| 55 | 1.4453 | 79.49 | 99 | 1.8342 | 181.6 |
| 60 | 1.4987 | 89.90 | 100 | 1.8305 | 183.1 |

## 三、硝酸

| HNO₃ 的质量分数/% | 相对密度 $d_4^{20}$ | 每 100mL 含 HNO₃ 质量/g | HNO₃ 的质量分数/% | 相对密度 $d_4^{20}$ | 每 100mL 含 HNO₃ 质量/g |
|---|---|---|---|---|---|
| 1 | 1.0037 | 1.004 | 65 | 1.3913 | 90.43 |
| 2 | 1.0091 | 2.018 | 70 | 1.4134 | 98.94 |
| 3 | 1.0146 | 3.044 | 75 | 1.4337 | 107.5 |
| 4 | 1.0202 | 4.080 | 80 | 1.4521 | 116.2 |
| 5 | 1.0257 | 5.128 | 85 | 1.4686 | 124.8 |
| 10 | 1.0543 | 10.54 | 90 | 1.4826 | 133.4 |
| 15 | 1.0842 | 16.26 | 91 | 1.4850 | 135.1 |
| 20 | 1.1150 | 22.30 | 92 | 1.4873 | 136.8 |
| 25 | 1.1469 | 28.67 | 93 | 1.4892 | 138.5 |
| 30 | 1.1800 | 35.40 | 94 | 1.4912 | 140.2 |
| 35 | 1.2140 | 42.49 | 95 | 1.4932 | 141.9 |
| 40 | 1.2466 | 49.87 | 96 | 1.4952 | 143.5 |
| 45 | 1.2783 | 57.52 | 97 | 1.4974 | 145.2 |
| 50 | 1.3100 | 65.50 | 98 | 1.5008 | 147.1 |
| 55 | 1.3393 | 73.66 | 99 | 1.5056 | 149.1 |
| 60 | 1.3667 | 82.00 | 100 | 1.5129 | 151.3 |

## 四、氢氧化钠

| NaOH 的质量分数/% | 相对密度 $d_4^{20}$ | 每 100mL 含 NaOH 质量/g | NaOH 的质量分数/% | 相对密度 $d_4^{20}$ | 每 100mL 含 NaOH 质量/g |
|---|---|---|---|---|---|
| 1 | 1.0095 | 1.010 | 26 | 1.2848 | 33.40 |
| 2 | 1.0207 | 2.041 | 28 | 1.3064 | 36.58 |
| 4 | 1.0428 | 4.171 | 30 | 1.3277 | 39.83 |
| 6 | 1.0648 | 6.389 | 32 | 1.3488 | 43.16 |
| 8 | 1.0869 | 8.695 | 34 | 1.3696 | 46.57 |
| 10 | 1.1089 | 11.09 | 36 | 1.3901 | 50.05 |
| 12 | 1.1309 | 13.57 | 38 | 1.4102 | 53.59 |
| 14 | 1.1530 | 16.14 | 40 | 1.4300 | 57.20 |
| 16 | 1.1751 | 18.80 | 42 | 1.4494 | 60.87 |
| 18 | 1.1971 | 21.55 | 44 | 1.4685 | 64.61 |
| 20 | 1.2192 | 24.38 | 46 | 1.4873 | 68.42 |
| 22 | 1.2412 | 27.31 | 48 | 1.5065 | 72.31 |
| 24 | 1.2631 | 30.31 | 50 | 1.5253 | 76.27 |

## 五、氢氧化钾

| KOH 的质量分数/% | 相对密度 $d_4^{20}$ | 每 100mL 含 KOH 质量/g | KOH 的质量分数/% | 相对密度 $d_4^{20}$ | 每 100mL 含 KOH 质量/g |
|---|---|---|---|---|---|
| 1 | 1.0068 | 1.01 | 26 | 1.2408 | 32.26 |
| 2 | 1.0155 | 2.03 | 28 | 1.2609 | 35.31 |
| 4 | 1.0330 | 4.13 | 30 | 1.2813 | 38.44 |
| 6 | 1.0509 | 6.31 | 32 | 1.3020 | 41.66 |
| 8 | 1.0690 | 8.55 | 34 | 1.3230 | 44.98 |
| 10 | 1.0873 | 10.87 | 36 | 1.3444 | 48.40 |
| 12 | 1.1059 | 13.27 | 38 | 1.3661 | 51.91 |
| 14 | 1.1246 | 15.75 | 40 | 1.3881 | 55.52 |
| 16 | 1.1435 | 18.30 | 42 | 1.4104 | 59.24 |
| 18 | 1.1626 | 20.93 | 44 | 1.4331 | 63.06 |
| 20 | 1.1818 | 23.64 | 46 | 1.4560 | 66.98 |
| 22 | 1.2014 | 26.43 | 48 | 1.4791 | 71.00 |
| 24 | 1.2210 | 29.30 | 50 | 1.5024 | 75.12 |

## 六、碳酸钠溶液

| $Na_2CO_3$ 的质量分数/% | 相对密度 $d_4^{20}$ | 每 100mL 含 $Na_2CO_3$ 质量/g | $Na_2CO_3$ 的质量分数/% | 相对密度 $d_4^{20}$ | 每 100mL 含 $Na_2CO_3$ 质量/g |
|---|---|---|---|---|---|
| 1 | 1.0086 | 1.009 | 12 | 1.1244 | 13.49 |
| 2 | 1.0190 | 2.038 | 14 | 1.1463 | 16.05 |
| 4 | 1.0398 | 4.159 | 16 | 1.1682 | 18.50 |
| 6 | 1.0606 | 6.364 | 18 | 1.1905 | 21.33 |
| 8 | 1.0816 | 8.653 | 20 | 1.2132 | 24.26 |
| 10 | 1.1029 | 11.03 | | | |

## 七、氨水溶液

| $NH_3$ 的质量分数/% | 相对密度 $d_4^{20}$ | 每 100mL 含 $NH_3$ 质量/g | $NH_3$ 的质量分数/% | 相对密度 $d_4^{20}$ | 每 100mL 含 $NH_3$ 质量/g |
|---|---|---|---|---|---|
| 1 | 0.9938 | 0.9956 | 16 | 0.9361 | 14.98 |
| 2 | 0.9895 | 1.980 | 18 | 0.9294 | 16.73 |
| 4 | 0.9811 | 3.920 | 20 | 0.9228 | 18.46 |
| 6 | 0.9730 | 5.840 | 22 | 0.9164 | 20.16 |
| 8 | 0.9651 | 7.720 | 24 | 0.9102 | 21.84 |
| 10 | 0.9575 | 9.580 | 26 | 0.9040 | 23.50 |
| 12 | 0.9502 | 11.40 | 28 | 0.8980 | 25.14 |
| 14 | 0.9431 | 13.20 | 30 | 0.8920 | 26.76 |

## 附录六　常用有机溶剂的沸点和相对密度

| 名　　称 | 沸点/℃ | $d_4^{20}$ | 名　　称 | 沸点/℃ | $d_4^{20}$ |
|---|---|---|---|---|---|
| 甲醇 | 64.9 | 0.7914 | 苯 | 80.1 | 0.8787 |
| 乙醇 | 78.5 | 0.7893 | 甲苯 | 110.6 | 0.8669 |
| 乙醚 | 34.5 | 0.7137 | 二甲苯($o$-,$m$-,$p$-) | 约 140.0 | |
| 丙酮 | 56.2 | 0.7899 | 氯仿 | 61.7 | 1.4832 |
| 乙酸 | 117.9 | 1.0492 | 四氯化碳 | 76.5 | 1.5940 |
| 乙酐 | 139.5 | 1.0820 | 二硫化碳 | 46.2 | 1.2632 |
| 乙酸乙酯 | 77.0 | 0.9003 | 硝基苯 | 210.8 | 1.2037 |
| 二氧六环 | 101.7 | 1.0337 | 正丁醇 | 117.2 | 0.8098 |

## 附录七　不同温度时水的饱和蒸气压

| $t$/℃ | $p$/Pa | $t$/℃ | $p$/Pa | $t$/℃ | $p$/Pa |
|---|---|---|---|---|---|
| 0 | 610.481 | 19 | 2196.75 | 50 | 12333.6 |
| 1 | 656.744 | 20 | 2337.80 | 55 | 15737.3 |
| 2 | 705.807 | 21 | 2486.46 | 60 | 19915.6 |
| 3 | 757.936 | 22 | 2643.38 | 65 | 25003.2 |
| 4 | 813.398 | 23 | 2808.83 | 70 | 31157.4 |
| 5 | 872.326 | 24 | 2983.35 | 75 | 38543.4 |
| 6 | 934.987 | 25 | 3167.20 | 80 | 47342.6 |
| 7 | 1001.65 | 26 | 3360.91 | 85 | 57808.4 |
| 8 | 1072.58 | 27 | 3564.90 | 90 | 70095.4 |
| 9 | 1147.77 | 28 | 3779.55 | 91 | 72800.5 |
| 10 | 1227.76 | 29 | 4005.39 | 92 | 75592.2 |
| 11 | 1312.42 | 30 | 4242.84 | 93 | 78473.3 |
| 12 | 1402.28 | 31 | 4492.28 | 94 | 81446.4 |
| 13 | 1497.34 | 32 | 4754.66 | 95 | 84512.8 |
| 14 | 1598.13 | 33 | 5030.11 | 96 | 87675.2 |
| 15 | 1704.92 | 34 | 5319.28 | 97 | 90934.9 |
| 16 | 1817.71 | 35 | 5622.86 | 98 | 94294.7 |
| 17 | 1937.17 | 40 | 7375.91 | 99 | 97757.0 |
| 18 | 2063.42 | 45 | 9583.19 | 100 | 101324.72 |

# 参 考 文 献

［1］ 张济新，等 . 实验化学原理与方法 . 北京：化学工业出版社，2004.

［2］ 梁朝林 . 绿色化工与绿色环保 . 2 版 . 北京：中国石化出版社，2016.

［3］ 李华民 . 基础化学实验操作规范 . 北京：北京师范大学出版社，2018.

［4］ 陆进荣 . 化学实验基本操作 . 北京：化学工业出版社，2009.

［5］ 赵剑英 . 有机化学实验 . 3 版 . 北京：化学工业出版社，2018.

［6］ 周志高，等 . 有机化学实验 . 4 版 . 北京：化学工业出版社，2014.

［7］ 初玉霞 . 有机化学实验 . 3 版 . 北京：化学工业出版社，2013.

［8］ 初玉霞 . 化学实验技术基础 . 2 版 . 北京：化学工业出版社，2012.

［9］ 姚虎卿 . 化工辞典 . 5 版 . 北京：化学工业出版社，2014.

中等职业学校规划教材

# 有机化学实验

## 第四版

YOUJI HUAXUESHIYAN

ISBN 978-7-122-36362-6

9 787122 363626 >

化学工业出版社 教学资源网
www.cipedu.com.cn
专业教学服务支持平台

定价: 39.00元